T0198932

essentials

essentials liefern aktuelles Wissen in konzentrierter Form. Die Essenz dessen, worauf es als „State-of-the-Art" in der gegenwärtigen Fachdiskussion oder in der Praxis ankommt. *essentials* informieren schnell, unkompliziert und verständlich

- als Einführung in ein aktuelles Thema aus Ihrem Fachgebiet
- als Einstieg in ein für Sie noch unbekanntes Themenfeld
- als Einblick, um zum Thema mitreden zu können

Die Bücher in elektronischer und gedruckter Form bringen das Expertenwissen von Springer-Fachautoren kompakt zur Darstellung. Sie sind besonders für die Nutzung als eBook auf Tablet-PCs, eBook-Readern und Smartphones geeignet. *essentials:* Wissensbausteine aus den Wirtschafts-, Sozial- und Geisteswissenschaften, aus Technik und Naturwissenschaften sowie aus Medizin, Psychologie und Gesundheitsberufen. Von renommierten Autoren aller Springer-Verlagsmarken.

Weitere Bände in der Reihe http://www.springer.com/series/13088

Friedrich W. Stallberg

Die Entdeckung der Einsamkeit

Der Aufstieg eines unerwünschten
Gefühls zum sozialen Problem

Friedrich W. Stallberg
Lünen, Deutschland

ISSN 2197-6708   ISSN 2197-6716   (electronic)
essentials
ISBN 978-3-658-32780-4   ISBN 978-3-658-32781-1   (eBook)
https://doi.org/10.1007/978-3-658-32781-1

Die Deutsche Nationalbibliothek verzeichnet diese Publikation in der Deutschen Nationalbibliografie; detaillierte bibliografische Daten sind im Internet über http://dnb.d-nb.de abrufbar.

Planung/Lektorat: Katrin Emmerich
Springer VS ist ein Imprint der eingetragenen Gesellschaft Springer Fachmedien Wiesbaden GmbH und ist ein Teil von Springer Nature.
Die Anschrift der Gesellschaft ist: Abraham-Lincoln-Str. 46, 65189 Wiesbaden, Germany

Was Sie in diesem *essential* finden können

- Eine Bestimmung von Einsamkeit als sozial bedingtes, bewertetes und wirksames Gefühl
- Eine Veranschaulichung spätmoderner Problematisierungsprozesse am Fall Einsamkeit
- Einen Überblick über den Stand der Forschung zu gesundheitsschädlichen Einsamkeitsfolgen
- Eine Darstellung und Analyse des aktuellen Diskurses über Einsamkeit und ihre negativen Effekte
- Daten und Einschätzungen zur Verbreitung und Verteilung von Einsamkeit
- Befunde und Bewertungen zu den Auswirkungen von Covid-19 auf Einsamkeit
- Eine Bestandsaufnahme und kritische Einschätzung der sich neu entwickelnden Einsamkeitspolitik

Inhaltsverzeichnis

1 Einführung: Einsamkeit als neuartiger Problematisierungsfall im digitalen Kapitalismus 1

2 Das Leiden am Alleinsein. Einsamkeit im sozialen Kontext 9

3 Chronische Einsamkeit als Erkrankungsrisiko – Merkmale und Ergebnisse der empirischen Forschung 15

4 Die Massenmedien als Instanz der Problemverstärkung 23

5 Grenzen und Chancen der Medikalisierung 27

6 Die Verbreitung und Verteilung der Einsamkeit – aktuelle Daten und Tendenzen 29

7 Das Einsamkeitsproblem in Zeiten der Pandemie: Verstärkung und Normalisierung 37

8 Ansätze zu einer eigenständigen Politik der Einsamkeit 43

9 Grenzen der Intervention. Zur Unlösbarkeit des Einsamkeitsproblems 47

Literatur 53

Einführung: Einsamkeit als neuartiger Problematisierungsfall im digitalen Kapitalismus

Einsamkeit ist im ersten Fünftel des 21. Jahrhunderts von einem privaten Ärgernis zu einem weithin anerkannten globalen Problem aufgestiegen. Zunächst zu einem, das von der Aufdeckung vielfältiger Gesundheitsgefahren lebt. Inzwischen aber auch auf dem Wege zum Indikator für umfassende gesellschaftliche Beeinträchtigungen wie strukturell erzeugte Kontaktarmut, Desintegration und Entfremdung.

Sicherlich rangiert sie im öffentlichen Bewusstsein und in der politischen Arena noch weit hinter den im ungefähr gleichen Zeitraum sich durchsetzenden ökologischen Problemen wie der Klimakatastrophe, des Ressourcenschwunds und des Artensterbens, welche die Existenzgrundlagen der digitalisierten Weltgesellschaft und ihrer dramatisch anwachsenden Bevölkerung bedrohen. Und erst recht lässt sie die aktuelle Überwältigung der Menschheit durch das vielfach tödliche oder Gesundheit und berufliche Existenz beschädigende Coronavirus in den Hintergrund treten, allerdings als eine bedeutsame Begleiterscheinung des durch staatliche Kontrolle und Isolierung sich verändernden Zusammenlebens. Ihre offenkundig unstrittige Bewertung als hohes Risiko für das Auftreten diverser physischer und psychischer Erkrankungen, die sich in einer Vielzahl dramatisierender Kennzeichnungen ihrer Schädlichkeit wie der einer unaufhaltsamen Epidemie, der „Plage des 21. Jahrhunderts" (Rokach 2019), des „Virus des modernen Zeitalters" (Salimi 2016), des „Monsters der Moderne" (Horx und Horx-Strathorn 2020) und des Zeitalters der Kontaktlosigkeit (Hertz 2020)niedergeschlagen hat, berechtigt aber doch dazu, ihr einen Platz auf dem Dringlichkeitsniveau klassischer sozialer Probleme wie Armut, Diskriminierung, Gewalt, Migration und Sucht zuzugestehen. Auch ist zu würdigen, dass sie, ob als Begleiterin oder eher als Folge, eine enge Verbindung mit weiteren „Missständen" wie

Onlineabhängigkeit, Obdachlosigkeit, Mobbing, Amoklauf und School Shooting eingeht.

Zu Beginn des Jahrtausends noch sprach aus der Sicht der Soziologie sozialer Probleme, der ich mich seit langem verpflichtet fühle, eigentlich überhaupt nichts für eine öffentliche Karriere der Einsamkeit. Zwar hatte es seit den 1950er Jahren zeitweilig lebhafte, kulturkritisch orientierte Debatten über die Förderung von Einsamkeit durch den radikalen Wandel von Wertorientierungen, Lebensformen und Lebensweisen gegeben (ausgelöst vor allem durch Riesman 1958, zuerst 1950; Slater 1970; Putnam 2000). Deutlich erkennbar wurde jedenfalls, dass die Zunahme von Alleinleben, Mobilität, Handlungsoptionen und statistischer Lebenserwartung emotionale Folgekosten in Form von belastender Einsamkeit erzeugen könnte. In Deutschland hat Hans-Peter Dreitzel in einem 1970 veröffentlichten Essay (Dreitzel 1970) als erster und leider auch einziger eindrucksvoll auf die Bedeutung von Einsamkeit als negative Modernisierungsfolge hingewiesen. Auf einer rollentheoretischen Basis beschreibt Dreitzel, wie andere auch, den umfassenden Wandel sozialer Kontakte in Richtung zu mehr Rationalität, Funktionalität und punktuellem Charakter. Was seinen Beitrag aber zu einem allein Stehenden macht – den bescheiden fortzuführen mir ein großes Anliegen ist – ist die kritische Analyse der sozialen Prozesse, die Einsamkeit als Beschränkung von Handlungs- und Beziehungschancen entstehen lassen. Der Verlust von existentiell wichtigen Positionen in Eigen- oder Fremdgruppe geschieht in einem erheblichen Maße als kollektive Unterprivilegierung, Diskriminierung und Stigmatisierung; kann weniger selbst bestimmten Veränderungsentscheidungen angelastet werden. Die sozialen Gründe von Einsamkeit zu ermitteln, hieße also, diesen im Rahmen einer Soziologie der Ausgrenzung nachzugehen.

Dreitzels innovativer Ansatz konnte die Aktualität der Einsamkeitsfrage ebenso wenig fördern wie etwa Norbert Elias' berühmt gewordene Gedanken zur Einsamkeit des Sterbenden (Elias 1982). Die dafür aber die Thanatologie und die Hospizbewegung nachweislich bereichert haben. Vielmehr wurde das Leiden am Sich-Allein-Fühlen, so unfassbar das heute erscheinen mag, sozialwissenschaftlich noch bis vor kurzem als normale Reaktion auf sich wandelnde Lebensumstände betrachtet. Auch das in den letzten Dekaden entstandene Interesse am Zusammenhang von Emotion und Gesellschaft (siehe Schützeichel und Schnabel 2011) bezog sich kaum einmal auf die soziale Natur der Einsamkeit. Damit befand sich die Gegenwartssoziologie aber in guter Gesellschaft. Selbst in der Lehrbuchliteratur der schon länger etablierten Emotionspsychologie führt Einsamkeit ein eher randständiges Dasein. So wie sich wissenschaftliche Literatur, anders als etwa die zeitgenössische Belletristik (für mich unter den vielen bekannten Texten am besten Auster 1995; Gustafsson 2001; Bärfuss 2014; Fosse 2019) des Themas überhaupt nur selten annahm (vgl. Bohn 2008).

Die gesellschaftliche Unterschätzung der Einsamkeit als zumindest potentiell problematisch mag auch ein wenig mit der positiven Bewertung zu tun haben, die das Allein-Sein-Können oder auch -Müssen im Zuge der Singularisierung bei einigen Beobachtern gefunden hat. Aus soziologischer Sicht hat sich etwa Klinenberg (2012) um die Anerkennung der Freiheit zum Alleinleben als unwiderrufliches Strukturmerkmal der Spätmoderne verdient gemacht. In der phänomenologisch orientierten Philosophie wird, darüber hinaus gehend, stets die Chance und Befähigung zum Einsamkeitserleben hervorgehoben (zuletzt Holtbernd 2018. Und schließlich erfreuen sich feuilletonistische oder lebenshilfeorientierte Texte zum Lob der Einsamkeit länger schon einer recht großen Verbreitung (u. a. Poschardt 2007).

Auf diesem Hintergrund der langen Missachtung des Leidens an der Einsamkeit muss ihre aktuelle Etablierung als gesundheitlich-gesellschaftliches Problem mit der wissenschaftlichen Produktion von inzwischen Tausenden von Forschungsbeiträgen zu schädlichen Einsamkeitseffekten bis hin zu erhöhter Mortalität, der regelmäßigen popularisierenden Berichterstattung in den Massenmedien, ihrer großen Präsenz in Onlineforen in Form von Blogs und Vlogs und der zunehmenden Aufnahme auch als politischer Gegenstand fast schon als sensationell bezeichnet werden.

Auch ich selbst habe, trotz einer beruflich eingeübten Sensibilität für sich abzeichnende und vielfach dann wieder scheiternde Problemkonstruktionen sowie einer lebensgeschichtlich gewachsenen Erfahrung mit Einsamkeit und ihrer Beobachtung, die so weit schon fortgeschrittene Karriere des Einsamkeitsdiskurses eigentlich für ausgeschlossen gehalten und darum lange in ihren Ausmaßen übersehen.

Ein erstes Gewahrsein davon, dass sich, noch beschränkt auf Nordamerika, ein Bedeutungswandel der Einsamkeit vom persönlichen Unglück zur gesellschaftlichen Epidemie vollzieht, verschaffte mir die Lektüre von John T. Cacioppos neurowissenschaftlicher Einführung in die Einsamkeitsfrage (Cacioppo und Patrick 2011). Ich konnte würdigen, dass hier eine wahre Pionierleistung auf der Basis langjähriger Forschungstätigkeit vorlag. Und gern übernahm ich die Einsicht, dass emotionaler Schmerz sich neuronal nicht anders als der physisch entstandene manifestiert. So wie ich mich an der evolutionstheoretisch begründeten Annahme der tiefen Verankerung von Verbundenheitsbedürfnissen in der menschlichen Natur als eine Übereinstimmung mit einschlägigen soziologischen Erkenntnissen erfreute. Ich empfand das Buch insgesamt allerdings als eine, mutmaßlich durch die kontraproduktive Mithilfe eines ums Allgemeinverständliche bemühten Mitautors, missratene, das heißt oberflächlich und weitschweifig gewordene Abschlussbilanz, und nicht als das, was es dann tatsächlich wohl geworden ist: Eine programmatische, die Medizin für Soziales und ein positives Gesundheitsverständnis exemplarisch öffnende Schrift, die sicherlich einiges dazu beigetragen hat, dass sich weltweit inzwischen so viele medizinische und psychologische Forscherinnen und Forscher legitimiert und interessiert fühlen, um Einsamkeit als Erkrankungs- und Sterberisiko immer häufiger, immer genauer und immer wieder neu zu untersuchen.

Diese förderliche Wirkung kann man hingegen der gleichfalls populärwissenschaftlichen Studie des als Bestsellerautors zuvor erprobten Neurologen Manfred Spitzer (2018) ganz und gar nicht zuschreiben. Spitzers eigentlich gut lesbare und,auf den ersten Blick betrachtet, den Forschungsstand nutzende und dokumentierende „Erhebung" der Einsamkeit zur eigenständigen sozialen Krankheit ist aufgrund ihrer wissenschaftlich nicht hinnehmbaren Willkür in der Verwendung und vor allem Nichtverwendung von empirischen Daten, ihrer methodologischen Unzulässigkeiten und ihrer groben Vereinfachungen in der Einsamkeitsfolgenforschung – ob international oder dem kleinen deutschsprachigen Teil – ganz ohne Begründung vollständig ignoriert worden. Sogar in den sich häufenden wissenschaftsjournalistischen Beiträgen zum Thema findet sie absolut keine Berücksichtigung. So, als wolle man die Problemanerkennung durch unseriöse Quellen nicht belasten. Nicht ausschließen lässt sich allerdings, dass Teile der Leserschaft des kommerziell nur mäßig erfolgreichen Buches erst durch Spitzers alarmistischen Zugang auf Einsamkeit als öffentlichen Gegenstand gestoßen sind.

Mich selbst hat die negative Erfahrung mit Spitzer endlich auf den Weg gebracht, die Erfindung der Einsamkeit als Gesundheitsproblem soziologisch rekonstruieren zu wollen. Jahre zuvor hatte ich noch einmal wertvolle Zeit verloren, als ich anlässlich eines Weiterbildungsvortrags über Einsamkeit im Alter die befremdliche Erfahrung machte, mich mit meinen Thesen zur Zunahme und den negativen Effekten von Alterseinsamkeit fast vollständig im Widerspruch zu den Forschungsergebnissen führender inländischer Gerontologen zu befinden (Tesch-Römer 2013; Böger und Huschold 2014). Meine sich darauf gründende Kritik, dass 1) die in ihren Familien und in Pflegeinstitutionen isoliert lebenden alten Menschen bis heute außerhalb der Forschungen geblieben sind und dass 2) die von den Betroffenen erbrachte Anpassung an Verhältnisse des Nicht-Verbunden-Seins überhaupt nicht als problematische Gefühlsunterdrückung erkannt wird, hat mich seinerzeit nicht vor der Selbstbewertung als unberufener Außenseiter bewahren können.

Bei der hier nun vorgelegten Auseinandersetzung mit dem Wandel der Einsamkeitsbewertung beeindruckte mich rasch eine allgemeine Erkenntnis. Ich bin mir sicher, die Produktion neuer gesellschaftlicher Probleme vollzieht sich inzwischen völlig anders als noch zu Jahrtausendbeginn zu Recht dargestellt (Albrecht und Groenemeyer 2012; zuerst 1999). Zentral für das Verständnis der aktuellen Dynamik von Problembildungsprozessen wie eben auch des Falls Einsamkeit ist die Tatsache ihrer Entschleunigung, Digitalisierung und Globalisierung. Bedeutsam sind einige neuentstandene Rahmenbedingungen: 1. Das immense Wachstum der Zahl von aktiv Forschenden und damit auch die rasante Vergrößerung der jeweiligen Fachöffentlichkeiten, die aber so strikt voneinander abgegrenzt sind, dass die Grenzüberschreitung zum Sonderfall wird;2.die starke Vermehrung von Förderungsinstitutionen und Projektmitteln;3.die enorme Beschleunigung des Publikationsprozesses speziell in Fachzeitschriften;4.die Vermehrung der wissenschaftlichen Onlinejournale;5.die elektronisch ermöglichte Sichtbarkeit der Publikationen aus aller Welt von ihrem Erscheinen an oder sogar schon davor als preprints, zumindest in Form der durchweg englischsprachigen Abstracts, und damit auch die Globalisierung der wissenschaftlichen Kommunikation;6.schließlich die gängige Einflussmessung von Forschungstexten – Erfassung von Klicks, Downloads, Zitaten, Pressemeldungen etc. – die es gestattet, subjektiv oder vonseiten einzelner Teams und Institutionen,„klickologisch" informiert, zu entscheiden, wie sehr es sich lohnt oder sogar erforderlich ist, an dem laufenden Forschungsprozess teilzunehmen.

Zur Natur der onlinedominierten Problemkonstruktionen der Gegenwart gehört noch die Verselbstständigung und Dynamisierung, die im Zuge der Popularisierung und Politisierung des jeweiligen Themas geschieht. Das heißt, mit dem Überspringen der Forschungsergebnisse von der „Ursprungsöffentlichkeit" auf andere gesellschaftliche Bereiche und der Anerkennung ihrer Bedeutsamkeit werden immer weitere Befunde hervorgebracht: Durch die Erkenntnis- und Reputationsmotive nun auch anders sozialisierter Forschender; die Beauftragung renommierter Expertinnen und Experten mit Gutachten, ihre Aufnahme in neugebildete staatliche Gremien und ihre massenmediale Präsenz; die bei einmal institutionalisierten Problemen neu auftretenden Forschungsaufgaben der fortwährenden Evaluierung von Interventionen und ihrer Wirkung; und schließlich die Macht wissenschaftstheoretischer Glaubenssätze wie des Imperativs der Falsifikation und, neuerdings zum Schlusssatz „naturalistischer" Forschungen geworden, das Postulat der robusten Evidenz.

Von der digital entfesselten Problematisierung der Einsamkeitsfolgen lässt sich nur vermuten, wie es mit ihr weitergeht. Wächst das aktuelle Forschungs- und Diskussionsinteresse – „durchkapitalisiert"- weiter so rasch wie bisher, setzen stattdessen durch begrenzte Beachtungskapazitäten und durch Themenkonkurrenz Normalisierung oder gar Stagnation ein oder erleben wir durch Ausschöpfung des Mitteilbaren eine zumindest zeitweilige wissenschaftliche Abkehr von der Einsamkeit und einen öffentlichen Themenverfall?

So oder so scheint es mir höchste Zeit für ihre kritische Vergegenwärtigung. Diese umfasst auch die die Einsamkeitsfolgenforschung begleitenden Studien zu Verbreitung und Zunahme, die sich deutlich auf Alterseinsamkeit konzentrieren. Auch diese werden inzwischen äußerst zahlreich unternommen, mitunter auf nationaler Ebene oder sogar gesellschaftsübergreifend, zumeist aber auf eine Fülle unterschiedlichster Personengruppen – von Studierenden zu Wohnungslosen, von Sehbehinderten zu älteren HIV-Patienten –begrenzt. An ihr sind gelegentlich auch Forschende aus Kultur- und Sozialwissenschaften beteiligt. Vor allem dann, wenn auch der spezielle Einfluss der gesellschaftlichen Digitalisierung auf die Entwicklung von Einsamkeitsgefühlen in den Blick gelangt (ein erstes eindrucksvolles Beispiel kürzlich Fox 2019).

Ich selbst halte die gesellschaftliche Durchsetzung des Einsamkeitsproblems als Gesundheitsrisiko für eine Entwicklung, die bei aller gebotenen medikalisierungskritischen Distanz auch sozialwissenschaftlich positiv zu bewerten ist. Ich denke zum einen, dass zutiefst belastende subjektive Einsamkeit einen Anspruch auf öffentliche Beachtung erheben kann, auch wenn diese zeitweilig panikartig, moralisierend und dramatisierend geschieht. Und werde das im Folgenden zu begründen versuchen.

Zum zweiten verfolge ich aber mit meinem Beitrag dazu das Ziel, die Soziologie zu aktiver Teilnahme an der Deutung und auch Beeinflussung des radikalen Bedeutungswandels der Einsamkeit zu motivieren. Dieses Ziel umfasst gleich mehrere Aufgaben.

1. Auf Forschungsebene: Die öffentlich favorisierten Einsamkeitseffekte der Gesundheitsschädigung um weitere zu ergänzen. Das wären vor allem die soziale Desintegration der „Kontaktverlierer", die immensen ökonomischen Kosten, die aus Vereinsamungsprozessen heraus erwachsene extreme Gewalt, die drohende Onlineabhängigkeit, nicht zu vergessen auch die weit verbreitete Sozialbestattung beziehungslos Gestorbener. Dann, deutlicher als die gesundheitsorientierten Studien dies durchaus tun, die negativen Effekte von Einsamkeit mit sozialen Lebenslagen, Lebensweisen und Lebensorten zu verknüpfen. Und dabei auch, im Sinne Dreitzels, die starke Verbindung von Einsamkeit mit sozialer Ein- und Ausgrenzung herauszuarbeiten. Was heißt, die Einsamen als Verlierer oder Opfer der Spätmodernisierung mit erhöhten Anforderungen an Biografiekonstruktion, Netzwerkbau, Beziehungs- und

Freundschaftspflege, digitaler Kompetenz, Selbstinszenierung, Identitätsarbeit, Anpassung an relationale Mobilität zu würdigen.

2. Auf der Ebene der öffentlichen Problemdefinition: Das Verständnis von Isolation und Einsamkeit soziologisch zu benennen und sich in den gesellschaftlichen Diskurs so wirksam wie möglich einzubringen. Und ins Bewusstsein zu bringen, dass sich die Folgen von Einsamkeit nicht ohne die Analyse ihrer sozialstrukturellen und kulturellen Bedingungen verstehen und bekämpfen lassen.

3. An der politischen Debatte über Möglichkeiten und Formen erfolgreicher Einsamkeitsprävention sich nicht evaluierend zu beteiligen, sondern Kritik an der fehlenden sozialstrukturellen und kulturellen Verankerung der schon vielfältigen Praxis der Identifizierung, kommunikativen Betreuung und „Mitmachmotivierung" chronisch Einsamer zu üben. Wie aber auch an die erstaunlich weit entwickelten ungleichheitsorientierten Ansätze international anerkannter Mediziner (vor allem Marmot 2004) anzuknüpfen.

Mein Wunsch an die Soziologie sozialer Probleme ist also, sie möge kritische Beobachterin des Leidens an der abweisenden und ausschließenden Gesellschaft, beharrliche Vertreterin der Veränderungsbedürftigkeit von intensiven und dauerhaften Einsamkeitszuständen und schließlich lästige Aufklärerin über die notwendigen und gleichzeitig unerfüllbaren Bedingungen für zwischenmenschliches Verbunden-Sein sein.

Als ich beschloss, ein wenig zur soziologischen Thematisierung des Problems Einsamkeit beizutragen, fühlte ich mich zunächst fast vollständig allein und eher unsicher als entdeckungsfreudig. In den zurückliegenden Monaten stieß ich dann aber glücklicherweise auf einige Studien, die mich entlasteten und mir zeigten, dass ich mich in guter Gesellschaft befinde. Nennen möchte ich als erstes eine schön formulierte und aus einer Vielfalt von literarischen wie wissenschaftlichen Quellen schöpfende kulturgeschichtliche Publikation von Fay B. Alberti (2019). Sie erkennt Einsamkeit als aktuelle emotionale Umschreibung verschiedenster negativer Erlebensweisen wie Unzufriedenheit, Depression und Entfremdung und stellt sie in ihrer heutigen Form in den Kontext von Entscheidungen und Entwicklungen, welche ökonomische Freiheit höher als soziale Verantwortlichkeit einstufen. Einsamkeit ist also auch ein Produkt des aufs Soziale zerstörerisch ausgeweiteten Neoliberalismus und der sozialen, ökonomischen und politischen Krisen, die er gegenwärtig hervorbringt.

Unterstützung und mancherlei Anregung erfuhr ich auch durch die seit kurzem vorliegende erste problemsoziologische Gesamtdarstellung von Kemin Yang

(2019), der mit vielen „harten" Befunden über die gesellschaftliche Ungleichverteilung der Einsamkeit aufwartet. Sowohl Alberti als auch Yang sind meines Wissens auch bislang die einzigen wissenschaftlich Arbeitenden, die ihr eigenes Erleben mit der Einsamkeit als Erkenntnismotiv schildern und nutzen. Meine mehr oder minder subjektorientierte Betrachtungsweise erfuhr dagegen eine interessante Bereicherung durch einen von Schirmer und Michailakis (2016) unternommenen Versuch, für die Analyse der gesellschaftlichen Thematisierung von Alterseinsamkeit die Luhmannsche Systemtheorie mit der konstruktionistischen Problemsoziologie zu verbinden. Und schließlich fiel mir zufällig eine Untersuchung von Niels Dahl (2016) in die Hände, in der aufgezeigt wird, wie das Phänomen des „einsamen Tods" in der japanischen Gesellschaft zum sozialen Problem gemacht wurde. Die also am Einzelfall die Wandelbarkeit des öffentlichen Einsamkeitsverständnisses dokumentiert.

Das Leiden am Alleinsein. Einsamkeit im sozialen Kontext

2

Dass aus vom Anlass, Empfinden und/oder den Auswirkungen her belastenden Emotionen gesellschaftliche Probleme werden können, haben ganz unbestreitbar Angst, als schon lange in verschiedenen Erscheinungsformen institutionalisierte psychische Störung und die inzwischen auch als Feld für Beratung, Begleitung und Therapie anerkannte Trauer gezeigt. Und gerade ist offenbar die Verbitterung dabei, in den offiziellen Störungskatalog aufgenommen zu werden.

Um zu verdeutlichen, wie sich das auch mit der Einsamkeit von ihren Besonderheiten her so entwickeln konnte, erscheint es mir angebracht, zunächst das für die von ihr Betroffenen und ihre Umwelt genuin Problematische, und dann auch zum Risiko für diverse Erkrankungen werdende, an ihr herauszuarbeiten. Auch weil das in den Kurzdefinitionen, mit denen sich die einschlägige Forschung durchweg begnügt und den etablierten Skalen, mit denen sie Vorhandensein und Stärke ihres Gegenstands misst, viel zu kurz kommt. Und der Komplexität der Einsamkeit, deren Fülle sich eigentlich nur in äußerst seltenen qualitativen Forschungen erweist, nicht annähernd gerecht wird. Darüber hinaus möchte ich aber auch die zutiefst soziale Natur der Einsamkeitsemotion deutlich werden lassen und auch Hinweise auf ihre durchaus auch politische Dimension geben.

1. Einsamkeit, hier vorab als „eine gefühlsmäßige Reaktion darauf, dass das Bedürfnis einer Person nach Bindung zu anderen nicht befriedigt ist" (Svendsen 2016, S. 60) verstanden, ist natürlich ungeachtet der auch nützlichen Aspekte selbst gewählten und kontrollierten Alleinseins und der positiven Signalfunktion, die auch unerwünschtes Nicht-Verbunden -Sein haben kann, ein ganz und gar negatives Gefühl, eine für uns problematische Lagebeurteilung, zu der wir nur widerstrebend gelangen. Diese gründet sich auf einen als schmerzhaft erfahrenen Mangel: Mangel an Kontakt mit uns wichtigen anderen, Mangel an Beziehungsqualität, Mangel an sozialer Integration, Mangel an Chancen, neue Kontakte zu

© Der/die Autor(en), exklusiv lizenziert durch Springer Fachmedien Wiesbaden GmbH, ein Teil von Springer Nature 2021
F. W. Stallberg, *Die Entdeckung der Einsamkeit*, essentials, https://doi.org/10.1007/978-3-658-32781-1_2

knüpfen. Es handelt sich also um ein Gefühl der sozialen Abstinenz oder, wie im Anschluss an Cacioppo häufig formuliert wird, des sozialen Hungers. Eines Hungers nach Anerkennung, Zugehörigkeit und Zuwendung, der, wenn er ungestillt bleibt, eng und starr macht, entkräftet, passiv werden lässt, vielleicht aber auch zur Gier oder ungehemmten, attackenartigen Befriedigung wird und dann schädigt, bloßstellt, Selbstwert und Würde zu rauben vermag.

Das Schmerzende an der Einsamkeit hat vielfältige Entstehungsgründe Grundsätzlich bezieht es sich auf Verlassenheit und Identität: Ich werde allein oder sogar in Stich gelassen, ich bin es nicht wert, beachtet zu werden, man hat mich ignoriert, ich werde ausgeschlossen, vergessen. Für Dreitzel (1970, S. 44) ist Einsamkeit „der ständige, allmählich die Widerstandskraft aufzehrende Versuch, die durch die Abwesenheit des andern verursachte Reduktion der eigenen Identität aufzuhalten". Sie entwickelt sich im fortgeschrittenen Fall zum Leiden darunter, seine Lern-, Freundschafts-, Gesprächs- und Liebesfähigkeit nicht angemessen leben zu können. Ohne „Grund-Gesellschaft" zu sein, in der wir uns mitteilen können, voll und ganz angenommen werden, Schutz und Trost erfahren. Einsam zu sein, heißt also von der sozialen Welt getrennt, in sich selbst gefangen, auf sich selbst zurückgeworfen, sich selbst fremd zu sein. Es ist unvermeidlich, dass sie sich, auch wenn sie, anders als andere Emotionen, über keine spezifische Ausdrucksform verfügt, in einer Vielzahl von Gesten, Bewegungen und Handlungen verkörpert. Noch bevor dann die jetzt entdeckten Erkrankungsrisiken sich im Organismus niederschlagen.

2. Einsamkeit ist etwas von den Betroffenen selbst wie auch von außen darum nur schwer Erkenn- und Benennbares, weil sie in einer Art Cluster von Fall zu Fall unterschiedlich stark vorhandene und, darüber hinaus, miteinander vermischte Gefühle umfasst. Verlassenheit, Furcht und Angst, Traurigkeit, Ohnmacht, Scham, Ärger und Wut, Schuldgefühl und Wertlosigkeit, Sehnsucht und Neid treten je nach Erlebenshintergrund und konkreter Situation mal mehr, mal weniger oder überhaupt nicht in Erscheinung. Dabei können sie sich auf ganz andere Realitäten des Einsamkeitsempfindens richten. Um es am Beispiel der Angst nur ansatzweise zu veranschaulichen: Die Angst der Einsamen mag sich auf die Situation des Alleinseins insgesamt richten; sich gerade auf das beziehen, was für Gesellschaft nötig wäre, nämlich Nähe und Kontakt; am Akt der Zurückweisung und des Verlassenwerdens sich entwickeln; die Unvermeidlichkeit der Selbstwahrnehmung als einsam fürchten; dem Bekanntwerden der Einsamkeit gelten; sich, durch Gesundheitswissen und -bewusstsein begründet, auf potentielle Erkrankungsfolgen richten; schließlich die dadurch drohende Abhängigkeit von anderen, Status-

und Mobilitätsverlust zum Thema haben. Oder, sie kann da, wo sich Einsamkeit mit gelebter Zweisamkeit verbindet, der Entdeckung und dem Aushalten des leeren Miteinanders gelten.

3. Einsamkeit ist also keine fest abgegrenzte Entität, sondern eine höchst komplexe und dynamische Erfahrung, die von einzelnen Personen völlig unterschiedlich gemacht wird. Und sie verändert sich auch lebensgeschichtlich fortlaufend, ist etwas im Fluss Befindliches in einem von Beziehungslagen und -ereignissen erzeugten und dem soziokulturellen Wandel ausgesetzten Prozess. In größerer Bewegung vermutlich, wenn sie nur zeitlich eng begrenzt, kaum spürbar kommt und geht, beharrlicher, wenn sie von der Entstehung und Dauer her chronischer Art ist.

4. Einmal weit fortgeschritten und verselbstständigt, wird Einsamkeit, auch weil sie immer wieder einzelne Getrenntheitserfahrungen hervorbringt, als emotionale Haltung und als Perspektive auf die als kalt, ungerecht und unerreichbar erlebte soziale Welt erlebt (dazu Svendsen 2018). Für die in der Einsamkeit Gefangenen, die erfahren haben mögen, dass sich die Umgebung ablehnend und unerreichbar zeigt, Verantwortlichkeit leugnet, Kontaktverlust zur Normalität erklärt, auf Rückzug gleichgültig reagiert oder sogar Anpassungs- und Zufriedenheitsdruck ausübt, wird die Welt etwas überwiegend Bedrohliches. Und das, was Veränderung oder wenigstens Auflockerung der Einsamkeitsperspektive schaffen könnte, neuer oder engerer Kontakt, wird durch überhöhte Erwartungen an zwischenmenschliche Beziehungen, sowohl an sich selbst als potentiellen Interaktionspartnern gegenüber, äußerst schwierig.

5. Einsamkeit, ob nur Gefühl oder Haltung und Lebenslage, ist etwas, das seiner Individualität, Schwere, Radikalität, Unerklär- und Unverstehbarkeit wegen ohnehin kaum mit anderen geteilt werden kann. Sie wird aber darüber hinaus von den je Betroffenen häufig oder gar regelmäßig nicht zugelassen, gar nicht als solche hinter und zwischen anderen Empfindungen erkannt und, falls doch gespürt, bagatellisiert, ignoriert, unterdrückt, gegenüber der Umwelt geleugnet. Dies vor allem darum, weil Einsamkeit den Status eines sozialen Stigmas hat, d. h. als etwas gilt, was die Betroffenen bei Offenbarwerden herabsetzt, ihnen als Scheitern, Ungeselligkeit, Bindungsunfähigkeit, Menschenfeindlichkeit, Hochmut und ähnliches mehr angelastet wird und eine vorsorgliche Distanz begründet. Um Ansehen und Selbstwert zu schützen, wird also die erfahrene Einsamkeit für gewöhnlich verborgen gehalten. Erst Situationen großer innerer und äußerer Not bewegen mitunter doch zu Situationsanerkennung, Klage und Ruf nach Hilfe.

6. Das Entstehen individueller Einsamkeit wird den wahrgenommenen Mangel an Verbundenheit überwiegend sicherlich im zu häufigen und zu langem Alleinsein, vielleicht noch in dessen Unvorhersehbarkeit, finden. Wenngleich natürlich

unbefriedigendes Zusammensein als Basis nicht außer Acht gelassen werden darf. Man könnte es also dabei belassen, Einsamkeit einfach nach ihrer Herkunft und Beschaffenheit zu analysieren: Worauf bezieht sie sich – nur kurzzeitige Abwesenheit bedeutsamer anderer oder endgültige Getrenntheit -, und mit wie viel Intensität tritt sie auf – von leichter Wehmut und Traurigkeit bis hin zum qualvollen Lebensgefühl tiefsten Verlassenseins und existenziellen Unverbundenseins zur Welt, quasi als Form sozialen Sterbens. Und dabei wäre fortlaufend zu würdigen, dass sich objektives Allein- und Nicht-Zugehörig-Sein und subjektiv empfundene Einsamkeit in einem offenen Interaktionsverhältnis befinden.

In der empirischen Forschung des letzten Jahrzehnts ist aber stattdessen dem emotionalen Mangelgefühl Einsamkeit die Kategorie bzw. das Instrument der sozialen Isolation zur Seite gestellt worden. Oder sogar als das allein oder überwiegend Problematische und Krankmachende bewertet worden (als journalistisches Plädoyer dafür neuerdings Simmank 2020). Die Notwendigkeit oder gar Überlegenheit einer von Einsamkeit getrennten Bestimmung und Erhebung der sozialen Isolation wird darin gesehen, dass sie vermeintlich objektiv mess- und beobachtbar ist. Definiert wird sie, mehr oder minder einhellig, als unter einem wünschenswerten Minimum der Kontaktanzahl einer Person liegend. Und dann, sofern untersucht, an strukturellen Daten, wie der Lebens- und Wohnsituation und dem rechtlichen Verbundenheitsstatus sowie solchen des Verhaltens, wie der Teilnahme an Begegnungen und Treffen festgemacht. So haben etwa Steptoe u. a. (2013) einen beliebten Index sozialer Isolation konstruiert, in dem jeweils ein Punkt für Alleinleben, weniger als einmaligen monatlichen Kontakt mit Familienangehörigen und Freunden und die fehlende Teilnahme an Treffen organisierter Gruppen vergeben wird. Diese Isolationsbestimmung führt schon vor Augen, dass Entscheidendes, nicht anders als bei der Einsamkeit, von den jeweils Erforschten selbst erfragt werden muss. Und wir mit dem Eingeständnis von totalem Kontaktmangel keineswegs sicher rechnen dürfen.

Das beschriebene methodologische Problem lässt mich selbst diesem Konzept skeptisch gegenübertreten. Und mich fragen, was es denn einer in ihrer sozialen Verankerung wahrgenommenen Einsamkeit tatsächlich hinzuzufügen vermag. Es gibt aber noch mehr und wohl Wichtigeres, was gegen den einschlägig gewordenen Isolationsbegriff spricht. Er ist darum eher unglücklich gewählt, weil in ihm mitschwingt, es habe eine selbst herbeigeführte oder, wie gerade in Pandemiezeiten erlebbar, von außen auferlegte Einschränkungs- und Rückzugsentscheidung gegeben. Wo doch weit häufiger vielfältige lebensgeschichtliche Umstände, wie etwa das Scheitern von Beziehungen und Bindungen in der „Trennungsgesellschaft" und die unterschiedliche Lebensdauer langjährig Verbundener und Vertrauter, sozialer Abstieg, technologischer Wandel und globale Migrationsprozesse für extremes Alleinsein verantwortlich sein werden. Ich befürchte darüber hinaus eine Relativierung tatsächlicher sozialer Isolation in Form sozialer Exklusion, also des Mangels an Ressourcen, Rechten, Gütern und Dienstleistungen, sozialem Kapital und dem dauerhaften entfremdungsbedingten Fernbleiben von sozialen, kulturellen und politischen Schauplätzen.

Erfreulicherweise werden wir bei der kritischen Betrachtung der neuen Einsamkeitsfolgenforschung aber bemerken, dass Einsamkeit und soziale Isolation zwar häufig gleichzeitig thematisiert und dann getrennt berechnet und analysiert werden, die erstere aber mit Blick auf gesundheitsschädigende Effekte das weitaus Bedeutsamere bleibt.

7. Einsamkeit ist ungeachtet ihrer kognitiven und gefühlsorientierten Grundlage auch ein zutiefst soziales Phänomen. Sie gründet sich auf vererbte Bedürfnisse, kulturelle Forderungen und erlernte handlungsleitende Erwartungen nach Austausch, Bindung und Zusammensein. Wir wollen und sollen zugehörig und integriert sein, müssen aber mit einem ständigen, mal erwünschten, mal bedrohlichen Wandel sozialer Beziehungen, Rollen und Umwelten leben, der auch negative Veränderungen von Kontaktqualität und -häufigkeit in Form schmerzhafter Einsamkeit zur Folge hat.

Einsamkeit ist in mehrfacher Hinsicht soziologisch bedeutsam. Sie ist zu ersten etwas, was sich auf der Ebene sozialer Interaktion ereignet und ausbildet. Handlungen zwischen uns und anderen und ihre Selbst- und Fremddeutungen lösen Empfindungen von unerwünschtem Alleinsein oder gar Ausgeschlossensein aus, fördern sie, mildern sie, lassen sie glücklicherweise auch verschwinden, machen uns aber auf jeden Fall von denen abhängig, die in Verbindung mit uns stehen und Vorstellungen über deren aktuelle und künftig gewollte Beschaffenheit haben. Vielfach motiviert Einsamkeit, gerade im Zeitalter der Digitalisierung, als antizipierte „Schreckensvorstellung" zu einer Fülle kollektiver Anstrengungen zur raschen Behebung von Kontaktverlust und Resonanzmangel. Auf diese Weise werden dann neue Spezialkulturen von realem und virtuellem Austausch, organisierter Begegnung, Orten, Formen und Prozessen des geregelten, mitunter kommerzialisierten Bemühens um erfolgreiche Annäherung, Kontaktnahme und Befriedigung von Mitteilungs- und Intimitätsbedürfnissen geschaffen.

Einsamkeit ist zum zweiten in gesellschaftlichem Auftreten und Umfang makrostrukturell bedingt. So viel Einsamkeit, wie sie jetzt im digitalen und globalisierten Kapitalismus mit seinen spätmodernen Lebensbedingungen, Zusammenlebensformen und Kommunikationsweisen oder kritischer: mit der großen Verbreitung von Ungleichheit und Ungerechtigkeit, Segregation und Exklusion, massenhafter Migration, großräumigen sozialen Konflikten herrscht, gab es sicherlich niemals zuvor. Diese gesamtgesellschaftlichen Rahmenbedingungen determinieren natürlich die subjektiven Einsamkeitserfahrungen und -karrieren. Deren Entstehung und Entwicklung vollzieht sich stets in Abhängigkeit von Alter, Geschlecht, Klassen- und Milieuzugehörigkeit, Nationalität, Ethnizität, Wertorientierung und sexueller Praxis.

Einsamkeit lässt sich drittens auch als soziokulturelles Konstrukt begreifen. Das heißt, es existieren zu einem gegebenen Zeitpunkt unterschiedliche gesellschaftliche Wissensbestände – Erkenntnisse, Werte, Normen, Deutungen – darüber, wie viel und welche Weisen von Alleinsein oder Verbundenheit für einzelne Personen und bestimmte Situationen normal, noch angemessen oder schon schädlich sind. Und wir stoßen derzeit auf eine Vielfalt kultureller Thematisierungen, vom unterhaltsamen oder rührenden Popsong bis hin zur strengen Hypothese, die sich in völlig verschiedenen Formen der Einsamkeit und der Einsamen annehmen, Interessantes, Auffälliges, Persönliches und Verallgemeinerbares an diesen Phänomenen darstellen.

8. Einsamkeit hat schließlich auch eine leicht verkannte politische Dimension, unabhängig davon, ob sie, wie gegenwärtig, auch in ersten Ansätzen zum Interventionsgegenstand gemacht wird. Nicht gesehen und gehört zu werden, sich selbst und der Welt entfremdet zu sein, bedeutet auch, seine Interessen nicht nach außen artikulieren und vertreten zu können, in Entscheidungen gerade auch mit Auswirkungen auf die kontaktarme Lebensführung nur Objekt und Opfer zu sein, selbst ganz alltägliche Konflikte nicht aufzunehmen und zu bestehen, in jeder Hinsicht machtlos und in seiner Würde höchst verwundbar zu sein. Schließlich gilt auch, anders als bei manch anderem noch latentem oder schon anerkanntem sozialem Problem, dass Einsamkeit nicht organisierbar ist, die „Lonely Hearts" einer Gesellschaft sich also weder einander erkennen noch miteinander verbünden, keine in politischen Willensbildungen und Wahlkampagnen ansprechbare Gruppe bilden.

Chronische Einsamkeit als Erkrankungsrisiko – Merkmale und Ergebnisse der empirischen Forschung

3

Merkmale. Die neu und global verbreitete Einsamkeitsforschung, die ich jetzt ihrer alles Einsamkeitsdenken verändernden Folgen wegen genauer beschreibe, zeichnet sich durch eine fast ausnahmslos quantitative Orientierung aus. Wobei häufig schon vorhandene Datensätze aus größeren, regelmäßig durchgeführten Umfragen genutzt werden, eigene Erhebungen eher in der Minderheit sind. Eine Ausnahme wird seit neuesten gemacht, wenn es, wie bei der Untersuchung des Einflusses der staatlichen Covid-19-Kontrolle auf Einsamkeit möglichst schnell gehen muss und dann Onlinebefragungen und Telefoninterviews legitim werden.

Das wissenschaftliche Ideal, dass vor neuen Untersuchungen der Forschungsstand zu der jeweiligen Fragestellung vollständig bekannt sein muss, wird in der Einsamkeitsfolgenforschung des 21. Jahrhunderts so ernst genommen, dass es angesichts der schon vorhandenen Fülle durchweg mehrerer Forschender bedarf. Dieses Produzieren in Arbeitsgruppen hat die noch relativ junge demokratische Forschungsethik sehr gefördert und führt zu Veröffentlichungen mit immer längeren Autorenlisten – manchmal noch nach der Statushöhe, häufig aber auch rein alphabetisch sortiert.

Das Präsentieren der erlangten Befunde wird in einer, der Forschungsanlage entsprechend, streng normierten, stets gleichen Form durchgeführt, die für Methodenreflexion wenig Raum vorsieht, auf kritische Auseinandersetzung mit den bereits überreichlich verfügbaren Studien für gewöhnlich verzichtet, kaum theoretische Ambitionen verfolgt. Und was für mich noch bedauerlicher ist: der Einzelfall verschwindet vollständig, Veranschaulichung ist nicht vorgesehen. Deutlich gemindert wird die allein aus dem Sachinteresse gespeiste Lesefreude erst recht darunter, dass alle Subjektivität verpönt ist, weder die eigene Erfahrung mit Einsamkeitsgefühlen nur genannt, noch am Leiden oder dem Bedrohtsein der Erforschten bemerkbar Anteil genommen wird.

F. W. Stallberg, *Die Entdeckung der Einsamkeit*, essentials, https://doi.org/10.1007/978-3-658-32781-1_3

Wirklich störend an den Standardpublikationen ist es auch, wie Morbiditäts- und Mortalitätsrisiken der Einsamkeit schon beiläufig mit den durch starkes Rauchen und hohe Übergewichtigkeit erzeugten Gesundheitsschädigungen verglichen werden. Also mit mehr oder minder selbst gewählten und sich dann verselbstständigenden Verhaltensweisen. Konsequent Verzicht geleistet wird hingegen auf die Bezugnahme auf – in den Risiken in der Tat vergleichbare – Probleme wie Armut, Luftverschmutzung und Bodenvergiftung, Wasserknappheit, sexuelle Gewalt, traumatisch oder sogar tödlich endende Flucht.

Was den Wert der Forschungen von der methodischen Anlage her mit nur vermutbaren Auswirkungen diskussionsbedürftig macht, ist die Tatsache, mit wie wenig Kreativität und Innovationsbereitschaft die Messung von subjektiver Einsamkeit auf die immer gleiche Weise erfolgt(dazu sehr anregend Luhmann 2019, S. 7 ff.). Zur Anwendung gelangen fast immer zwei, angeblich bewährte, psychometrische Skalen: Die seit 1980 existierende, über die Jahrzehnte aber revidierte UCLA-Loneliness-Skala oder, seltener, die wenig später erfundene, erst in einer 2006 vorgeschlagenen Version aber auch größere Resonanz findende De Jong Gierveld-Loneliness-Skala. Beide Skalen werden mal vollständig, mal zunehmend auch in Kurzformen, das heißt mit gelegentlich nur noch drei Fragen eingesetzt. Was diese Instrumente in kritisierbarer Form auszeichnet, ist das Thematisieren von Einsamkeit in nur indirekter Form, d. h. eine übervorsichtige Annäherung an das individuell Unerwünschte. Es gibt neuerdings Ausnahmen, in denen mit nur einer Frage nach der Häufigkeit von Einsamkeit in einem bestimmten Zeitraum gefragt wird (etwa Yang und Victor 2011). So oder so bleibt es aber der Willkür der Forschenden überlassen, ab wann bzw. ab welchem von den Befragten erreichten Wert von problematischer Einsamkeit ausgegangen wird. Von einer Einigung darüber kann, auch der fehlenden Methodenreflexion wegen, nicht die Rede sein.

Anfangs habe ich schon meine Überraschung über die rasante Geschwindigkeit und die hohe Beteiligtenzahl der sozialmedizinisch-psychologischen Einsamkeits-folgenforschung geäußert. Um diese Entwicklung in ihrer eindrucksvollen Stärke zu dokumentieren, seien nun einige Ergebnisse der einschlägigen wissenschaftlichen Suchmaschinen angeführt. Mit Scopus lässt sich feststellen, dass im Jahre 2000 zum Thema Einsamkeit 160 Texte veröffentlicht wurden – dreißig Jahre zuvor ganze 7!, 2010 schon 483, 2019 dann fast die dreifache Zahl, nämlich 1358. Die angesehene deutsche Suchmaschine Psyndex wies kürzlich ca. 2400 größtenteils englischsprachige Arbeiten auf, von denen 2000 nur 39, 2018 aber schon 178 veröffentlicht wurden. Alles noch erheblich eindrucksvoller, mit schon resignativen Gefühlen bei verbliebenen Alleinforschenden, macht Google Scholar (aufgerufen am 14.9.2020). Zu „Loneliness and Social Isolation" im Allgemeinen sind derzeit 38.600 Texte verfügbar, davon ca. 14.000 aus den letzten vier Jahren; über „Loneliness" liegen gar 52.400 wiss. Produkte vor, davon nur knapp 300 deutschsprachig, mit allein ca.8000 aus dem laufenden Jahr. Über das Kernthema der neuen Forschungspraxis, „Loneliness and Morbidity", ließen sich aktuell 42.700 Suchergebnisse heranziehen, davon ca. 3600 aus diesem Jahr. Schließlich wird die bedrohliche Frage nach dem Zusammenhang von „Loneliness and Mortality" 24000mal behandelt, 2020 bisher in 3530 Forschungsfällen.

Die Ausmaße von negativen Einsamkeitseffekten als modisches Forschungsproblem lassen sich übersichtlicher und konkreter an der Zahl der in Plos One, einem nur online, in früher unüblich dichter Folge erscheinendem Forschungsjournal, das seit einem Jahrzehnt existiert, belegen. Dokumentiert wird dort eine Beschäftigung mit Einsamkeit, sei es, auch im Titel ersichtlich, sei es, nur als ein mitbehandelter Aspekt, in 817 Aufsätzen. Und gerade Plos One ist auch insofern ein gutes Beispiel, als dort einige der wichtigsten, d. h. in der Forschung wie in den Massenmedien meistzitierten Artikel zu Einsamkeit als Erkrankungsrisiko erschienen sind (Holt-Lunstad et al. 2010; Rico-Uribe et al. 2018; Jacob et al. 2019).

Für die grobe Wiedergabe und Einschätzung des Forschungsstands kann und muss man sich also auf eine erschreckende Basis von zehntausenden von Publikationen beziehen. Bei diesem Vorhaben konnte mir aber zweierlei wirklich helfen: Die Herausbildung einer jenseits aller Teambildung doch bestehenden „Forschendenelite" und der außerordentlich hohe Stellenwert von Metaanalysen für die fachwissenschaftliche Kommunikation, aber auch als Informationsbasis für eher Außenstehende.

Um zunächst mit den Personen als Orientierungshelferinnen zu argumentieren. Beginnend mit der Jahrtausendwende hat sich ein Kreis mehrheitlich weiblicher Forschender entwickelt, die fortlaufend und häufig vollständig darauf spezialisiert, über Einsamkeitseffekte publizieren. Zumeist in unterschiedlichen Partnerschaften oder als erkennbar initiierender Teil größerer Arbeitsgruppen. Und deren hohe Reputation sich jenseits dieser Interessenkontinuität an regelmäßigen Bezugnahmen und/oder Pflichtzitierungen in neuerscheinenden Beiträgen erweist. Gerade auch in solchen, die in Form von Reviews den Forschungsstand eingehender würdigen.

Von der erlangten Anerkennung her vor allem zu würdigen sind der 2018 im Alter von erst 66 verstorbene John T. Cacioppo, Universität Chicago und seine häufig beteiligten Co-Autorinnen Louise Hawkley und Stephanie Cacioppo mit 50 und mehr gemeinsamen Beiträgen. Unbedingt zu erwähnen ist dann die englische Gerontologin Christina Victor mit regelmäßigen Veröffentlichungen zu Einsamkeitsfolgen seit 2000, die auch zur wohl wichtigsten wiss. Begleiterin der neu entstandenen Einsamkeitspolitik in Großbritannien geworden ist. Pamela Qualter, eine Professorin für Erziehungswissenschaft in Manchester, die sich mit inzwischen zahlreichen Beiträgen auf Einsamkeit in Kindheit und Jugendalter konzentriert, arbeitet des Öfteren mit ihr zusammen. Aufführen will ich noch den der Einsamkeit sein ganzes, schon langes Forscherleben widmenden Ami Rokach, in Kanada und Israel lehrend, mit nahezu hundert Veröffentlichungen (soziologisch sehr erwähnenswert ein Aufsatz über einsame Wohnungslose, Rokach 2003); den auf Adoleszenz und Einsamkeit spezialisierten belgischen Einsamkeitsforscher Luc Goossens, KU Leuwen, die niederländische Expertin Jenny de Jong Gierveld und Kemin Yang, University of Durham, der zunächst noch einzige Soziologe im „Autoritätenkreis", der seit 2010 zum Thema publiziert. Ich selbst habe zugegebenermaßen am meisten vom wissenschaftlichen Werk von Julianne Holt-Lunstad profitiert. Diese an der Brigham Young University tätige Psychologin hat sich binnen nur eines Jahrzehnts gleich in mehrfacher Hinsicht um die Einsamkeitsfolgenforschung verdient gemacht. Programmatisch dadurch, dass sie, anders als die mehrheitlich von der universitätsmedizinischen Epidemiologie beeinflussten Mitforschenden, einen „positiven" Ansatz gewählt hat. Das heißt, sie schaut darauf, wie und warum die dem subjektiven Wohl wie auch der gesellschaftlichen Integration dienende zwischenmenschliche Verbundenheit durch Einsamkeit und Isolation beeinträchtigt wird. Es geht also durchweg um das Spannungsverhältnis von „Social Connection" und „Loneliness" und die daran beteiligten Bedingungen. Holt-Lunstad entwickelt des Weiteren auch theoretische Absichten zur Integration der vorliegenden Forschungsergebnisse und hat eine Art Erklärungsmodell zum Verständnis der Risiken für Verbundenheitsverlust und Einsamkeit und der dabei wirksamen Prozesse vorgelegt (2018). Sie formuliert drittens empirisch untermauerte Plädoyers für die Anerkennung der sozialen Verbundenheit als vorrangige Beachtung verdienendes Gesundheitsproblem (Holt-Lunstad 2017, 2017a) und ist in diesem Zusammenhang zu einer wissenschaftlichen Advokatin bei den weltweit fortgeschrittensten Kampagnen zur Einsamkeitsprävention in den USA, England und Australien geworden. In dieser Funktion hat sie auch weitverbreitete Texte zur Popularisierung der wissenschaftlichen Konzepte und Befunde verfasst. Für die riesige Fachöffentlichkeit sind es eher aber zwei Metaanalysen zu den Erkrankungs- und Mortalitätsrisiken schädigenden Alleinseins (2010, 2015), die sie zur derzeit wohl einflussreichsten Expertin gemacht haben. Ihr mit zwei Mitautoren veröffentlichter Aufsatz von 2010 bietet meines Wissens die erste umfassende Metaanalyse zum Thema, konnte ca. 600.000 „Views" auf sich ziehen und wurde inzwischen mehr als zweitausendmal zitiert.

Mein Lob der Hochleistenden der internationalen Einsamkeitsfolgenforschung darf nun aber nicht zum Ignorieren der deutschen Forschungslandschaft führen. Die gesundheitsschädigenden Effekte von Einsamkeit werden bislang aber fast ausschließlich von einer Bochumer Forschungsgruppe um Maike Luhmann rezipiert und bearbeitet. Kürzlich vorgelegt wurde ein höchst aufwendiger und für Deutschland sicherlich bahnbrechender Bericht über Einsamkeit und Isolation im hohen Alter (Luhmann und Bücker 2019), der die internationale Forschung aufarbeitet und zusätzlich um aus dem „Sozioökonomischen Panel" gewonnene nationale Daten kontrastierend erweitert. Eine zweite Initiative hat sich an der Universität Mainz gebildet, wo Forschende um Manfred Beutel durch die Nutzung von Daten der „Gutenberg-Studie" die Funktion von Einsamkeit als mentales Gesundheitsproblem mit besonders hohen Risiken für Angst, Depression und Suizidgedanken nachgewiesen haben (Beutel u. a. 2017). Das Autorenpaar Johannes Beller und Adina Wagner hat sich der wichtigen Frage der ja naheliegenden synergetischen Effekte von Einsamkeit und sozialer Isolation für einen vorzeitigen Tod verschrieben (Beller und Wagner 2018). Wobei sie, wie so viele andere hierzulande, auf Daten des Deutschen Alterssurveys zurückgreifen. Ihr plausibler, nun auch datengestützter Befund lautet: Mit zunehmender Stärke der Isolation wird auch der Einsamkeitseffekt auf Mortalität größer, und ebenso verhält es sich umgekehrt. Erwähnenswert ist schließlich noch eine interessante Studie von Oberhauser u. a. (2017), die, soweit ich erkennen kann, zum ersten Mal überhaupt auf die konfliktvermeidende, zu innerfamiliärer Anpassung drängende Wirkung befürchteter Alterseinsamkeit aufmerksam macht.

Nachgewiesene Risiken. Über die hohe Fähigkeit von Einsamkeitsgefühlen in Verbindung mit objektiver Isoliertheit den Gesundheitsstatus der von ihnen betroffenen Menschen stark und nachhaltig zu beeinträchtigen, gibt es so gut wie keine Differenzen. Es ist wohl so einfach, wie L. Hertz in einer ganz neuen populärwissenschaftlichen Darstellung (Hertz 2020, S. 16) mitteilt: "a lonely body …is not a healthy one", das heißt bei durch Kontaktlosigkeit erfahrenem Stress steigt das Cholesterinniveau stärker an, erhöht sich der Blutdruck rascher und nimmt gleichzeitig der Cortisolspiegel zu.

Natürlich weichen die je erhobenen Werte in den einzelnen Folgeuntersuchungen auch mal stärker voneinander ab und muss vor allem im Auge behalten werden, dass die Daten vielfach bei schon älteren und damit auch eher verwundbaren Personen erhoben wurden. Dennoch stoßen wir auf einen so großen Schädlichkeitskonsens, dass die zurückhaltende Gesamtbewertung mit dem chronischen Verweis auf das, was alles noch nicht gewusst wird und in seinem Zusammenspiel und Verlauf ungeklärt ist, schon bemerkenswert dem Selbstverständnis und Auftreten der zeitgenössischen Klimafolgenforschung ähnelt. Diese Zurückhaltung im

Grundsätzlichen verhindert aber keineswegs eine inzwischen schon große Menge von Vorschlägen zu Prävention und Intervention. Übereinstimmung besteht darüber, dass unbedingt etwas gegen die hohen Erkrankungsrisiken getan werden muss, natürlich wissenschaftlich fundiert und begleitet. Allerdings werden durchweg die bekannten, konventionellen gesundheitspolitischen Ansätze benannt, nur geringfügig auf die Besonderheiten der Einsamkeitsrealitäten zugeschnitten.

Für die wichtigsten, was auch heißt, die bedrohlichsten Effektnachweise folge ich im Wesentlichen der Dokumentation des evidenzbasierten Konsenses über die Erträge der Einsamkeitsforschung, den gerade eine nordamerikanische Expertenkommission von 11 ausgewiesenen Berichterstattenden, die sich wiederum der zahlreichen, auf immer mehr Longitudinalstudien basierenden Metaanalysen bedienen, mit zusätzlicher Nachkontrolle hat erarbeiten lassen (The National Academies of Sciences, Engineering, Medicine 2020). An dem Report beeindruckt neben der Datenfülle und Auswertungssystematik vor allem auch die noch ungewöhnliche Öffnung für die bi-direktionale Beziehung zwischen Einsamkeit und Krankheit. Als langfristiges Forschungsziel zumindest wird auch die Untersuchung der Pfade und Prozesse zwischen Gefühl, Verhaltensfolgen und Gesundheitsschädigungen verabschiedet.

1. Herz-Kreislauf-Erkrankungen: Herausgefunden wurde ein um 29 % höheres Risiko für das Auftreten von Herzerkrankungen und ein um 32 % erhöhtes für Schlaganfälle. Einsame Herzpatienten weisen des Weiteren ein um 68 % höheres Risiko für Krankenhausaufenthalte auf.
2. Demenz und kognitive Störungen: Für chronisch einsame Menschen besteht ein um 50 % erhöhtes Risiko, einmal an Demenz zu leiden. Eine Fülle von Studien belegt darüber hinaus, dass ein niedriges Kontaktniveau von Menschen einen Rückgang kognitiver Kompetenzen wie Denkgeschwindigkeit und „globaler Kompetenz" fördert.
3. Allgemeiner Gesundheitszustand: Immer wieder nachgewiesen wurden höhere Cholesterinwerte, ein um 40 % höher entwickeltes Risiko für Diabetes, chronische Schlafstörungen, eine hohe Wahrscheinlichkeit von erheblichen Schwankungen des Gesundheitszustands, ein weit höheres Erkältungsrisiko, hohe Einschränkungswahrscheinlichkeiten der körperlichen Beweglichkeit, ein häufiges Auftreten entzündlicher Prozesse, schließlich noch ein um 77 % höheres Risiko für den Erhalt multipler Diagnosen.
4. Krebserkrankungen: Dieser Bereich wird, vermutlich der komplexen und unterschiedlichen Entstehungsgründe des Phänomens wie auch Schwierigkeiten der Datenbeschaffung wegen, noch relativ wenig untersucht. Was bislang

an Ergebnissen vorliegt, verweist auf ein für Einsame 25 % höheres Risiko für einen Krebstod.

5. Depression: Durchweg gesichert ist die besonders große Wahrscheinlichkeit, dass Einsamkeitskarrieren in Depression einmünden. Soweit genauere Daten erhoben wurden, wird das Risiko als 3,5-mal so hoch wie bei nicht Einsamen angegeben. Bei über der Hälfte der in Forschungen Befragten wurden schon vorhandene Depressionssymptome ermittelt. Grundsätzlich besteht hier meines Erachtens das Problem, dass sich Einsamkeit und Depression nur schwer voneinander trennen lassen und in Teilen der Wissenschaft die Neigung weiterbesteht, Einsamkeitsleiden in der anerkannten Krankheit Depression aufgehen zu lassen.

6. Einfluss auf gesundheitsbezogenes Verhalten: Vielfach empirisch unterstützt wird die naheliegende Annahme oder auch Alltagsbeobachtung, dass sich schmerzhafte Einsamkeit zu ihrer Linderung gesundheitsschädigender Aktivitäten wie starkes Rauchen und Trinken und sonstiger Drogengebrauch – natürlich auch des zwanghaften Einsatzes digitaler Medien – bedient und sie körperliche Inaktivität fördert.

7. Suizidalität: Hier konnte jenseits der naheliegenden Einsicht, dass sich suizidale Prozesse vielfach in völliger Abgegrenztheit von der sozialen Umgebung vollziehen, vor allem nachgewiesen werden, wie sehr das innere Erleben chronisch Einsamer auch Suizidfantasien und-gedanken aufweisen kann. Eine einschlägige Datenauswertung von Chang u. a. (2017) gelangte zu einem um 57 % erhöhten Risiko für Suizidgedanken bei einsamen Menschen. In einer gerade erst erschienenen Metaanalyse auf der Grundlage der Analyse von fast tausend potentiell relevanten Texten (McClelland et al.2020) wird die Funktion der Einsamkeit als Prädiktor für Suizidalität bestätigt. Bemerkenswert ist aber noch der Nachweis der Rolle von Depressionen als Vermittlerin. Und schließlich scheint die Begünstigung suizidaler Ideen und Handlungen bei weiblichen Befragten häufiger zu sein.

8. Betroffenheit von zwischenmenschlicher Gewalt: In dem hier genutzten Report wird erstmals auch thematisiert, inwieweit gerade auch ältere Einsame mit höherer Wahrscheinlichkeit zum Gewaltopfer werden, also durch physische und psychische Misshandlung, Vernachlässigung, sexuellen Missbrauch und finanzielle Ausbeutung Schaden nehmen. Hier tut sich noch eine Datenlücke auf, die aber mit Einsatz gerontologischer und kriminologischer Studien, speziell etwa zur Pflegegewalt in Heimen und Familien, gefüllt werden kann.

An der „Konsensstudie" positiv zu würdigen, bleibt die abschließend geführte Diskussion über den Beitrag sozialer, kultureller und Umweltfaktoren für einsamkeitstypische Erkrankungsfolgen. Dabei wird auch ein Blick auf gesellschaftliche „Sondergruppen" gewagt und angenommen, dass homo- und bisexuell orientierte Menschen mehr Einsamkeitsleid erfahren als gleichaltrige Heterosexuelle. Und die gleiche Risikoerhöhung wird auch für Menschen mit Migrationsschicksal angenommen. Das sind in der Tat Anzeichen für einen Perspektivenwandel der bislang den Untersuchten gegenüber so indifferenten Forschung.

Die Massenmedien als Instanz der Problemverstärkung

Der gesellschaftliche Aufstieg der Einsamkeit vom subjektiv belastenden Gefühl zum stabilen sozialen Problem wäre durch die sich massenhaft vollziehende Erforschung negativer Einsamkeitseffekte allein nicht annähernd erreichbar gewesen. Für die öffentliche und in Ansätzen auch schon politisch erfolgte Anerkennung der potentiellen Schädlichkeit der Emotion ist die seit wenigen Jahren erst einsetzende wissenschaftsjournalistische Berichterstattung als Verstärker, Beglaubiger und Übersetzerin sicherlich notwendig gewesen. Erst die massenmediale Interessiertheit an der Entdeckung der Einsamkeit und ihre inzwischen eingetretene Kontinuität hat für eine breitere gesellschaftliche Bekanntheit des Problematischen gesorgt.

Im digitalen Zeitalter scheinen die wissenschaftliches Wissen vermittelnden journalistischen Beiträge zu Soziales berührenden Themen, gerade in Onlineform, noch erheblich bedeutsamer geworden zu sein. Sie bleiben eben nicht, wie früher, gedruckt auf die jeweilig begrenzte Leserschaft der überregionalen Tages- und Wochenzeitungen sowie der politischen und kulturellen Magazine beschränkt, sondern verbreiten sich übers Netz durch Empfehlungen von diversen Newslettern, durch Teilungsprozesse unter den Lesenden, You-Tube-Konsum, Aufnahme in Suchmaschinen weit stärker, schaffen bei entsprechender Themenaktualität in mitunter atemberaubend kurzer Zeit eine große Zahl von Nennungen, die sich eine ganze Weile jedenfalls unaufhörlich vermehren.

Umfassende Analysen oder nur fundierte Einschätzungen der massenmedialen Thematisierung der Einsamkeitsfolgen und auch -verbreitung liegen in Deutschland noch nicht vor. Auch international bin ich lediglich auf eine einzige systematische Erhebung gestoßen, in welcher die Berichterstattung zweier

© Der/die Autor(en), exklusiv lizenziert durch Springer Fachmedien Wiesbaden GmbH, ein Teil von Springer Nature 2021
F. W. Stallberg, *Die Entdeckung der Einsamkeit*, essentials,
https://doi.org/10.1007/978-3-658-32781-1_4

Mainstream-Medien in China (Ling Quiu und Xin Liu 2019) über spezielle Einsamengruppen – „empty nesters", „single loser" -, und Einsamkeitsformen analysiert und, nicht überraschend, die amtlich vorgegebene optimistische Tendenz der Darstellungsweise aufgezeigt wird. Um nun etwas genauer zu prüfen, in welcher Form und mit welchen Folgen die Einsamkeitseffekte bislang wissenschaftsjournalistisch thematisiert worden sind, habe ich 37 Beiträge der letzten drei Jahre, bis zum vollständigen Wandel der Berichterstattung durch die Dauerbehandlung der Corona- Pandemie, die ungefähr die Hälfte aller ausdrücklichen Stellungnahmen umfassen, gesammelt und ohne inhaltsanalytischen Anspruch ausgewertet. Texte aus Druckmedien genauso wie auch online verfügbare Rundfunk- und Fernsehbeträge mit wissenschaftsjournalistischer Orientierung.

Die verfügbaren Publikationen gelten erwartungsgemäß fast ausnahmslos den mit Einsamkeit verbundenen Erkrankungsrisiken. Nur in zwei Fällen bilden Amokläufe auf dem Hintergrund extremer Isoliertheit das Thema, einmal gilt das Interesse dem Hikkimori-problem in Japan, einmal geht man der Internetabhängigkeit als einsamkeitsbedingt nach. Die Form, in welcher die Beiträge angeboten werden, ist ganz unterschiedlich. Es handelt sich zum ersten darum, ausgewiesenen Expertinnen wie Maike Luhmann, einmal in einem kurzen Essay, das andere Mal per Interview, und Rebecca Nowland, einer vielseitig interessierten englischen Einsamkeitsforscherin, Raum zu einer vereinfachten Präsentation des Problems zu geben. Wir stoßen zum zweiten auf die zusammenfassende Wiedergabe einzelner, online verfügbarer Forschungen, durchweg Metaanalysen; zum dritten auf Features, die Expertenäußerungen mit Forschungsergebnissen und gelegentlich auch Praktiker- und Betroffenenerfahrungen kombinieren, und schließlich noch auf Berichte, vor allem von Zeitungen der Universitätsstädte über örtlich durchgeführte Forschungen.

Es ist am wissenschaftsjournalistischen Umgang mit den Einsamkeitsfolgen positiv auffällig, wie streng sich die Berichte an Medien und Autorinnen mit fachwissenschaftlicher Reputation halten und Ergebnisse favorisieren, die durch „harte" Methoden gewonnen wurden, wohingegen Behauptungen über vermeintliche Ursachen auf Misstrauen stoßen und offensichtliche Über-Generalisierungen, wie eben bei Spitzer (2018), konsequent gemieden werden. Zu kritisieren ist allenfalls, dass man es durchweg beim Referieren der einzelnen, als besonders interessant wahrgenommenen Untersuchung belässt, sich zum Vergleichen nicht mehr die Zeit nehmen kann. Trotz dieser bemühten Wissenschaftsorientierung und Sachlichkeit geben allerdings zumindest die Überschriften der massenmedialen Beiträge eine Neigung zu publikumswirksamer Dramatisierung zu erkennen. So, wenn etwa von „Volkskrankheit Einsamkeit" oder der „tödlichen Epidemie der Moderne" die Rede ist oder es im Titel heißt: „Wenn Einsamkeit tötet" oder im Anschluss an eine aber auch wissenschaftlich zeitweilig vertretene These: „Einsamkeit ist ansteckend wie ein Virus".

Insgesamt aber trägt die massenmediale Darstellung genau zu dem verstärkend bei, worum es auch der Forschung geht – der Medikalisierung der Einsamkeit und der Legitimation von Einsamkeitsprävention. Was sie darüber hinaus leistet, ist sicher eine gewisse „Schmerzminderung" durch Kommunikation, eine Normalisierung des ursprünglich vielleicht Schockierenden und eine Erhöhung der Bekanntheit der für Medienarbeit besonders offenen und talentierten Expertinnen. Was der deutschen Einsamkeitsberichterstattung im Vergleich zur schon länger interessierten englischsprachigen Presse, soweit ich sehe, bisher noch fehlt, ist die Bereitschaft, das Einsamkeitsproblem kritikwürdigen gesellschaftlichen Prozessen anzulasten, also etwa, wie der „Guardian" schon vom 12.10.2016, als Produkt des ungehemmten Neoliberalismus zu interpretieren. Aber, um das wieder ein wenig zurückzunehmen, konstatiert immerhin die FAZ Sonntagszeitung am 25.2. 2018: „Ist der Mensch einsam, leidet die Demokratie".

Grenzen und Chancen der Medikalisierung

5

Die inzwischen weithin durchgesetzte Problematisierung der Einsamkeit vollzieht sich bislang, einmal abgesehen von den gängigen medienwissenschaftlichen Hinweisen auf die Risiken einsamkeitsgeförderter Onlineabhängigkeit, als Prozess der Medikalisierung. Das heißt, medizinisch orientierte oder wenigstens interessierte Forschende, Journalisten und auch schreibende Praktiker beschreiben und bewerten die Negatives hervorrufende intensive und häufige Einsamkeit überwiegend als öffentliches Gesundheitsproblem – inzwischen auch mit Blick auf die entstehenden ökomischen Kosten (vgl. Mihalopoulos et al. 2019). Für das von den renommierten Akteuren und Akteurinnen eine noch stärkere Priorisierung gefordert wird (Cacioppo, J.T. und S. Cacioppo 2018 und Berg-Weger und Morley 2020).

Die entstandene Medikalisierung mit auch der Spaltung zwischen normaler und pathologischer, subjektiv integrierter und selbstschädigender Einsamkeit sollte aber, so habe ich schon einführend dargelegt, als Errungenschaft akzeptiert und durch eine alternative Perspektive zunächst begrenzt und abgemildert werden. So lässt sie sich als Türöffner für die Ergänzung und Kontrastierung durch sozial- und kulturwissenschaftliche Analysen der negativen Einsamkeitseffekte nutzen. Das haben schon, durch den medizinischen Herrschaftsanspruch, wie er mit besonderem Eintreten für therapeutisch-pharmakologische Intervention vom Ehepaar Cacioppo und seinen Mitstreitern vertreten wird (Cacioppo, S. et al. 2015) noch stark beunruhigt, A.K. McLennan und S. J. Ulijaszek (2018) gefordert. Sie weisen zu Recht darauf hin, dass Personen aus den unterschiedlichsten gesellschaftlichen Tätigkeitsfeldern, ob sie sich nun mit abweichendem Verhalten, Alter, Wohnen, Erziehung, Einwanderung, Verkehr und digitaler Technologie beschäftigen, genauso wie die Medizin mit Einsamkeitsproblemen zu tun haben und ihre Zuständigkeit geltend machen können. Und nach den zurückliegenden

Erfahrungen mit der Bekämpfung von Aids und Adipositas ist es ihres Erachtens erst recht angebracht, auf eine ganzheitliche, interdisziplinäre Betrachtungs- und Herangehensweise zu setzen.

Neben der so erfolgreichen, aber durchaus auch beeinflussbaren Medikalisierung und Pathologisierung der Einsamkeit in diesem Jahrhundert lassen sich im Zusammenhang mit der Neubestimmung der Problememotion aber auch andere interessante Entwicklungen beobachten. Es sollte sich, um mit dem Positiven zu beginnen, ein langsamer, ohnehin kaum an die Oberfläche gelangender Prozess der Entstigmatisierung der Einsamen vollziehen: Wenn Einsamkeitsgefühle ein Erkrankungsrisiko sind oder werden können, dann lässt sich der einzelnen Person für ihr eigenes Zutun zu Kontaktmangel und Ungewolltheit oder der Geringschätzung bestehender Beziehungen nur noch eine eingeschränkte Verantwortung auferlegen. In diese Richtung noch stärker wirkt auch die Therapeutisierung der Einsamkeit, also die Anerkennung des Leidens am Alleinsein bei dessen Bewältigung den Betroffenen durch Beratung und psychologische Intervention geholfen werden sollte – also Unterstützung statt Ab- und Ausgrenzung. Das wird durch eine institutionalisierte Einsamkeitspolitik, wie sich derzeit ansatzweise entwickelt, natürlich noch stärker gefördert. Daraus könnte sich ein Prozess der bedingten Entprivatisierung der Einsamkeit entwickeln, in dem diese zur öffentlichen Angelegenheit gemacht wird, die sie Fühlenden also nicht mit ihr und durch sie sich selbst überlassen bleiben. Ohne, dass ihnen aber das Recht, so zu fühlen, wie sie empfinden, bestritten wird.

Mit dieser Entprivatisierung mag natürlich, wenn gezielt auf die Anlässe und negativen Folgen der Einsamkeit geschaut wird, die Gefahr einer „Entsozialisierung" verbunden sein, aber nur, wenn man sich gleichzeitig von ihren soziokulturellen Hintergründen als Modernisierungsfolge, d. h. als unübersehbarer Ausdruck der Strukturmerkmale des entfesselten Kapitalismus, entfernt. Ich möchte noch einen letzten Entwicklungstrend wenigstens benennen: Die neu angesammelten, sicher bald selbstverständlichen Erkenntnisse über fast unvermeidbar schädliche Einsamkeitseffekte können das Gefühl Einsamkeit als etwas Unheimliches und Unberechenbares erscheinen lassen, die Menschen in ihrer Erfahrung mit ihm glauben lassen, etwas zutiefst Gefährliches zu erleben, das besser vermieden oder wieder aufgegeben werden sollte. Dieser möglichen Dramatisierung wird sich in der Gesundheitsgesellschaft mit ihren ausgeprägten Wohlbefindens- und Langlebigkeitsidealen nicht vorbeugen lassen. Sie wird den künftigen Blick auf Einsamkeit in einem bestimmten, individuell wie kollektiv ganz unterschiedlichen Maße beeinflussen.

Die Verbreitung und Verteilung der Einsamkeit – aktuelle Daten und Tendenzen

6

Die Neuentdeckung der Einsamkeit als hoch riskantes Gefühl wäre sicherlich nicht annähernd so erfolgreich gewesen, wenn ihr Gegenstand nicht auch weltweit, alle gesellschaftlichen Gruppen betreffend, verbreitet wäre. Und wenn nicht die Häufigkeit seines Vorkommens nachdrücklich auf die Folgen problematischer Lebenslagen aufmerksam machen würde. Während die starke Verbreitung der Einsamkeit durch eine hohe Anzahl empirischer Studien überzeugend nachgewiesen werden kann, lässt sich die Frage ihrer häufig angenommenen Zunahme nur weniger eindeutig beantworten. Zwar kann es eigentlich keinen Zweifel daran geben, dass sich Einsamkeit als subjektives und soziales Leiden mit der radikalen Veränderung der Bedingungen, Formen und Verläufe von Zusammenleben, Kommunikation, Arbeit, Identität und Wertorientierungen mit all den bekannten Entfremdungsfolgen in der zweiten Hälfte des 20. Jahrhunderts stark vermehrt und ausdifferenziert hat. Stützen lässt sich diese Annahme jedoch fast nur durch zeitkritische Diagnosen, nicht durch Daten, die den gegenwärtig geltenden Erhebungs- und Auswertungsnormen entsprechen würden.

Einsetzen lassen sich einzig wohl nur Belege über die bemerkenswert große Abnahme von Mitgliedschaften in diversen Vereinigungen und Organisationen und den Rückgang außerfamiliärer Engagements im Sinne des Verlustes von sozialem Kapital in der nordamerikanischen Gesellschaft (Putnam 2000). So wie auch der von McPherson und anderen (2006) geführte Nachweis über eine signifikante Verminderung der Zahl vertrauter Gesprächspartner zwischen 1985 und 2004 – von 2.94 auf 2,08 –, die sie mit Verschiebungen in Arbeitswelt, räumlicher Mobilität und Freizeitverhaltensmustern erklären. Ungeprüft bleibt aber, wie sich diese Schwächung von Teilnahme und Verbundenheit im Einzelnen auf der Gefühlsebene manifestiert.

© Der/die Autor(en), exklusiv lizenziert durch Springer Fachmedien Wiesbaden GmbH, ein Teil von Springer Nature 2021
F. W. Stallberg, *Die Entdeckung der Einsamkeit*, essentials,
https://doi.org/10.1007/978-3-658-32781-1_6

Die Nicht-Nachweisbarkeit einer dramatischen Einsamkeitszunahme ist aber eigentlich nur insofern ein Mangel, als sie in Einzelfällen kritisch ins Feld geführt wird, um der Einsamkeit den des Öfteren einfach unterstellten epidemischen Charakter abzusprechen (Ortiz-Espina und Roser 2020), also ihre Bedeutung zu relativieren oder, darüber hinaus, die Legitimität der erfolgten Anerkennung als gesellschaftliches Problem in Zweifel zu ziehen.

Die für mich jede Bedeutsamkeitsdiskussion erübrigende „Massenhaftigkeit" der Einsamkeit wird nun an einigen der neuesten Forschungen und ihren Ergebnissen demonstriert. Zunächst für England und die USA als den Staaten mit dem fortgeschrittensten einsamkeitspolitischen Bewusstsein; dann im internationalen Vergleich und abschließend für Deutschland.

1. In England sind 2018 die Ergebnisse des BBC-Loneliness-Experiments, einer wissenschaftlich fundierten Online-Studie mit 55.000 Teilnehmenden im Alter von 16 bis 97 vorgestellt worden (Hammond 2018). Das Erleben mindestens häufiger Einsamkeitsgefühle äußerte ein Drittel der Befragten. Am stärksten war die Altersgruppe der 16 bis 24jährigen mit 40 % betroffen, bei den über 75jährigen – den Personen, auf die sich die Forschung mit Blick auf die Erkrankungsrisiken am häufigsten konzentriert – ergab sich eine Einsamkeitsbelastung von 27 %. Erklärt wird der so hohe Einsamkeitswert der Jüngeren damit, dass diese ihre Gefühle weniger regulieren, Einsamkeit für sie häufig eine neue bedrückende Erfahrung darstellt und mit Orientierungssuche und dem starken Identitätswandel in dieser Lebensphase. Noch ein letzter Befund bleibt festzuhalten: Menschen, die sich diskriminiert fühlen, entwickeln Einsamkeit mit höherer Wahrscheinlichkeit.

In einem ähnlich neuen UK-Sample, welches für Präventionszwecke genutzt wird (Griffith 2017), werden nur dann dem BBC-Report nahekommende Werte erreicht, d. h. ca. 35 % bei den unter 25jährigen, ca. 40 % der über 75jährigen, wenn auch die nur als manchmal auftretend eingestufte Einsamkeit hinzugezählt wird. Hier lässt sich schon die Vermutung äußern, dass Online- oder Telefonbefragungen durch die Größe und Neubildung der jeweiligen Befragtengruppe sowie die Erhebung und Veröffentlichung detaillierterer Daten eine deutlich höhere Einsamkeitsverbreitung „erzeugen" als die konventionellen Studien, in denen die in Panels und Surveys längerfristig Mitwirkenden nur den standardisierten Messinstrumenten ausgesetzt werden. Einsamkeitsraten nehmen des Weiteren offenkundig zu, wenn man, wie ich selbst es vorziehe, Einsamkeit in einem um die soziale Dimension (Netzwerkgröße, Zugehörigkeiten u. a.) erweiterten Sinne versteht. Wenn also die Forschung die zumeist getrennten Phänomene Einsamkeit und soziale Isolation zusammen betrachtet und auch in ihren Werten addiert.

2. Schauen wir nun auf die USA, in denen sich in den letzten Jahren eine der Problemaktualität folgende besonders rege Häufigkeitsermittlung entwickelt hat. Im September 2018 legt die AARP, eine sehr mitgliederstarke Organisation für die Wahrnehmung der Interessen älterer Menschen, eine Einsamkeitserhebung der mindestens 45jährigen Erwachsenen vor, an der 3020 Personen teilnehmen (Anderson und Thayer 2018). Herausgefunden wird das Vorliegen problematischer Einsamkeit bei einem Drittel aller Befragten. Ein deutlich höheres Risiko von 49 % wird bei Menschen festgestellt, die sich als LGBTQ-Personen identifizieren. Als Bedingungen, die für das Erleben von Einsamkeit besonders anfällig machen, werden ein niedriges Einkommen, geringe Netzwerkgröße, Höhe des Alters, schlechter Gesundheitsstatus und das Leiden an Angst und Depression namhaft gemacht.

Cigna, ein großes Versicherungsunternehmen, hat ebenfalls 2018 eine nationale Online-Studie mit 20.000 Erwachsenen durchführen lassen (Cigna 2018 und, für die Fachöffentlichkeit, Des Harnais u. a. 2019. In die 20teilige „große" UCLA Loneliness-Skala als methodisches Instrument verwendet wurde. Obgleich natürlich ein zusammenfassender Einsamkeitswert erhoben wird, informieren die Einzelbefunde auch über die unterschiedlichen Aspekte des Leidens am Alleinsein: Ungefähr die Hälfte der Amerikaner teilt mit, sich stets oder manchmal allein oder ausgeschlossen zu fühlen; 20 % berichten, sich selten oder niemals anderen nahe zu fühlen oder mit anderen reden zu können (18 %); 27 % fühlen sich unverstanden, wobei es kaum einen Unterschied macht, ob man allein oder mit anderen zusammenlebt.

Auch in dieser Untersuchung ist das Lebensalter von großer Bedeutung für die Einsamkeitshäufigkeit. Die höchste Einsamkeitserfahrung weist die Generation Z (18–22 J.) mit 48,3 % auf, während Erwachsene über 72 die geringste Belastung (38,6 %) ertragen müssen. Anders, als es sich bei dieser Verteilung glauben ließe, erweist sich der Konsum sozialer Medien aber als relativ unwichtige Variable. Intensivnutzer sind zu 43,5 % einsam, diejenigen die sich von sozialen Medien ganz fernhalten, liegen auch nur bei 41,7 %.

Cigna hat den 2018er Daten, sicher auch versicherungspolitisch motiviert, ein epidemisches Ausmaß zugeschrieben. Eine schon ein Jahr später folgende Studie mit diesmal nur halb so viel Teilnehmenden wird als offenkundiges Anwachsen der mentalen Gesundheitskrise gedeutet. Und tatsächlich berichten jetzt schon 61 % vom Erleben problematischer Einsamkeit. Wobei die Generation Z diesmal mit 79 % von Einsamkeit betroffen ist, die Millenials (22–37 J.) nur knapp dahinter liegen (71 %), die Boomers (52–71 J.) genau 50 % problematische Einsamkeit aufweisen. Als fördernde Bedingungen für das Entstehen von Einsamkeit erkennt das Cigna-Team ein niedriges Haushaltseinkommen, Mangel an sozialer Unterstützung, eingeschränkte Gesundheit, eine fehlende Balance in den täglichen Aktivitäten und negative Bewertungen der vorhandenen persönlichen Beziehungen.

Im Unterschied zu den meisten Prävalenzstudien wenden sich Cudjoe u. a. (2020) dem Aspekt der sozialen Isolation als leitender Fragestellung zu. Sie entnehmen ihre Daten der „National Health and Aging Trends Study" von 2011, in welcher jährlich die ab 65 berechtigten Bezieher von Medicare befragt werden. Es geht also, was die Ergebnisse besonders wichtig macht, um unterprivilegierte ältere Menschen, wobei die über 85jährigen wie auch farbige Amerikaner in der Stichprobe überrepräsentiert sind. Isolation, unterschieden in schwer und normal, wird bei den 65 bis 69jährigen zu ca. 50 % erhoben, erreicht ihren Gipfel bei den 70 bis 74jährigen mit ca.52 % und nimmt dann bei den Hochaltrigen mit bis zu 10 % bei den 90jährigen ab. Um die Einsamkeitslage durch absolute Zahlen etwas zu veranschaulichen: Ungefähr 9 Mio. im eigenen Haushalt lebende Menschen über 65 befanden sich schon 2011 in einer Situation der sozialen Isolation und den damit normalerweise verbundenen Einsamkeitsgefühlen.

Auch die vierte, in den letzten Jahren in den USA publizierte Studie zur Einsamkeitsverbreitung ist institutionell angestoßen. Was ja nur die erreichte hohe Problemaktualität bekundet. Diese Untersuchung ist nun aber ländervergleichender Art und erhebt auch Daten aus Großbritannien und Japan. Als Methode wird die telefonische Befragung ab 18jähriger gewählt und, für die Einsamkeitsforschung außergewöhnlich, es werden ergänzende Interviews mit als einsam identifizierten Personen durchgeführt.

Die ermittelten Häufigkeiten für die USA (22 %) und das UK (23 %) liegen dicht beieinander, erreichen in Japan aber nur 9 %. Die Altersverteilung ergibt in den USA den höchsten Wert mit 35 % bei den 30 bis 49jährigen, fast gleichen bei den 18 bis 29jährigen (24 %) und den 50 bis 64jährigen (25 %) und den mit Abstand niedrigsten bei den über 65jährigen (16 %). Der wichtigste Unterschied zu den UK-Daten besteht darin, dass hier die Älteren zu 25 % Einsamkeit aufweisen und die Werte zwischen 30 und 64 etwas niedriger liegen. Hingegen zeichnet sich Japan durch eine noch etwas höhere Einsamkeitsbelastung der 30 bis 49jährigen (37 %) aus, unterschreitet in der jüngeren Generation die Werte der beiden englischsprachigen Länder um ca. 5 % und liegt bei den über 65jährigen genau in der Mitte. Was den Vergleich weiterhin interessant macht, ist die ganz unterschiedlich lange Dauer der Einsamkeitskarrieren. Sie halten in Japan schon länger an, nämlich mehr als 10 Jahre bei 35 % der Befragten, verglichen mit nur 22 % in den USA und 20 % in Großbritannien.

3. Um noch etwas mehr vom Ertrag der ländervergleichenden Einsamkeitsforschung zu profitieren, also auch die soziokulturelle Bedingtheit der Verbreitung

zu würdigen, seien jetzt einige Ergebnisse aus dem sich auf 25 Länder erstreckenden European Social Survey (dritte Runde von 2006/07 mit ca. 4700 Befragten zwischen 15 und 101) angeführt. Einsamkeit wird hier wieder ganz konventionell erhoben (Yang und Victor 2011; Yang 2019). Wie in den anderen referierten Häufigkeitsstudien wird die Variable Alter als besonders bedeutsam eingeschätzt. Allerdings gilt hier deutlicher als anderswo, dass die Einsamkeit mit zunehmendem Alter auch stärker wird. Von noch größerem Einfluss ist aber das Land, in welchem man lebt. So weisen Russland und die anderen osteuropäischen Nationen die höchsten Anteile einsamer Menschen auf – zwischen 10 und 34 %, während sich die nordeuropäischen Länder durch die niedrigste Einsamkeitsrate, zumeist um 6 %, auszeichnen. Zusammengenommen bedeutet das, ungefähr 30 Mio. Erwachsene in Europa erleben häufiger Einsamkeit. Und wenn wir Isolationsdaten hinzunehmen, sind es gar 75 Mio. Um schon einmal die deutsche Situation anzusprechen: Deutschland nimmt in der Einsamkeitsrangliste den 8. Platz mit einem Wert von 4,6 % ein, nahezu gleichauf mit Schweden und Holland. In der Einsamkeitsprävalenz geringfügig günstiger schneiden vor allem Norwegen, Dänemark und die Schweiz ab.

An den ESS-Befunden wird wieder die große Methodenabhängigkeit der Daten mehr als deutlich. Das heißt konkret, wie sehr die einschlägigen Einsamkeitsskalen, kombiniert mit einem geforderten hohen „Schmerzniveau" die Verbreitung nach unten bewegen. Demgegenüber hat zum Beispiel das Bundesamt für Statistik der Schweiz (2019) Umfragedaten publiziert, wonach sich 2017 38 % aller Schweizer ab 15 einsam fühlten. Andere der inzwischen verfügbaren komparativen Studien legen den Forschungsschwerpunkt auf die Erklärung der bemerkenswert großen Länderunterschiede. An dieser Stelle würde es zu weit führen, die vorliegenden Deutungen (etwa Heu et al. 2019; Barreto et al. 2020) zu würdigen. Auffällig ist aber gleich, wie sehr auf kultursoziologische und -psychologische Zugänge abgestellt wird und eine Orientierung an dem einschlägigen Modell der Unterscheidung von eher individualistischen und kollektivistischen Gesellschaften erfolgt. Sozialstrukturelle Ansätze, wie sie doch gerade für die Erhellung der extremen Einsamkeitsverhältnisse in den USA und Russland geeignet sein sollten, bleiben hingegen noch ungenutzt.

4. Bisher wurde schon gut erkennbar, dass je nach Lebensalter Einsamkeit verschieden häufig auftritt und auch verschieden erlebt wird. Es also naheliegt, von verschiedenen Einsamkeiten zu sprechen und diese auch anders zu interpretieren. Unterstützt wird dieser Eindruck gerade auch durch die in Deutschland verfügbaren Verbreitungsforschungen. Maike Luhmann (Luhmann und Hawkley 2016; Luhmann 2019) findet anhand der Querschnittsdaten aus dem Deutschen Sozioökonomischen Panel von 2013 besonders hohe Einsamkeitswerte bei den ab

86jährigen mit 20 % heraus, wobei sie, ganz in meinem Sinne, auch nur manchmal erlebtes Fühlen dieser Art in die Berechnung mit einbezieht. Neben dieser, sich durch das häufige Alleinleben, die geringe Anzahl befreundeter Menschen, die weit verbreiteten gesundheitlichen Einschränkungen und die relative Armut zwangsläufig ergebenden Häufigkeit ergeben sich aber auch erklärungsbedürftige Erhöhungen der Einsamkeit der Personen um die 30 und um die 60. Wie es mit der Generation Z aussieht, was ja gemäß den US-Befunden höchst interessant wäre, wird in der Studie nicht beschrieben.

Andererseits wäre die Vereinsamungssituation der Hochaltrigen aber noch dramatischer zu bewerten, würden nicht die Menschen aus der Stichprobe herausfallen, die in Pflegeeinrichtungen leben und aufgrund kognitiver Einschränkungen nicht an Befragungen beteiligt sind. Des Weiteren gilt es den sog. selektiven Mortalitätseffekt zu würdigen. Das heißt, besonders einsame Menschen könnten ja aufgrund all der nachgewiesenen Mortalitätsrisiken die 86er-Grenze gar nicht mehr erreichen.

In einer Art Fortschreibung der SOEP-gestützten Untersuchung mit nun 2017er-Daten gelangen Eyerund und Orth (2019) zu der Einstufung von 9,5 % der deutschen Bevölkerung als einsam im engeren Sinne. Ein Wert, der sich gleich auf 40 % erhöht, wenn gelegentliches Einsamseins-Leid miterfasst wird. Bemerkenswerte Differenzen werden für den Faktor Geschlecht ermittelt. 60 % der Einsamen sind weiblich; zumeist gelangt die Forschung zum Ergebnis einer stärker männlichen Betroffenheit. Und schließlich werden auch signifikante Abstände zwischen den einzelnen Bundesländern mit einer besonders hohen Belastung Ostdeutschlands gegenüber Hamburg mit dem niedrigsten Verbreitungswert ermittelt. Im Vergleich von 2013 zu 2017 zeigt sich eine deutlichere Einsamkeitserhöhung bei den 20-24jährigen, die nun also auch in der deutschen Forschung als „Risikogruppe" auftauchen. Sich auszeichnend durch die besonderen Übergangsanforderungen und die hohe Nutzung sozialer Medien und digitaler Kommunikationsmittel.

In Sachen Alterseinsamkeit nimmt schon seit längerem das Deutsche Zentrum für Altersfragen in Berlin eine dominierende, durch immer neue, auch an den erhöhten internationalen Diskussionsstandard angeglichene, Veröffentlichungen (als letzte Böger et al. 2017; Böger und Huschold 2018; Huschold und Engstler 2019; Huschold et al. 2019) erlangte Position ein. Stets gestützt auf die Daten des Deutschen Alterssurveys, der schon seit 1996 durchgeführt wird und mit Einsatz der Einsamkeitsskala von De Jong Gierveld und van Tilburg und einem hoch angesetzten Einsamkeitsscore haben die dort Forschenden wiederholt den Nachweis geführt, dass die Einsamkeitsrate bei den 45-84jährigen insgesamt nur geringfügig zunimmt – zwischen 2008 und 2017 nur von 8,6 auf 9,2 % – und bei den Lebensälteren (75–84) sogar sinkt,nämlich von 9.9 auf 7,5 %. Auch diese vermeintliche Verbreitungsstagnation ändert aber nichts daran, dass 2017 mehr als 3,5 Mio. Menschen in Deutschland einsam waren, und diese Zahl wird sich allein durch das Älterwerden der Gesellschaft weiter erhöhen.

Dass aber die Alterseinsamkeit einen relativ geringen Teil des Gesamtproblems Einsamkeit ausmacht, wird, im Laufe der Jahre immer differenzierter, durch die durch Netzwerkumbau, aktive Auswahl belohnender sozialer Umgebungen, die Flexibilisierung sozialer Ziele und Strategien emotionaler Anpassung erreichte Bewältigung altersspezifischer Veränderungen erklärt. Allerdings wird dieser Ansatz dadurch erweitert und stärker gemacht, dass die Berliner Forschenden seit neuestem im Anschluss an die internationalen Gepflogenheiten zwischen Einsamkeit und sozialer Isolation unterscheiden und für Isolation einen dramatischen Anstieg im Lebensverlauf auf etwa 22 % annehmen.

Die derzeit noch andauernde Corona- Pandemie ist für das noch junge Einsamkeitsproblem schon jetzt als ein für seine weitere Anerkennung höchst förderliches Ereignis zu bewerten. So viel wie 2020 war von dieser Neuentdeckung des 21. Jahrhunderts öffentlich noch niemals die Rede. Und es melden sich es nun auch Beobachter und Deuterinnen mit großer Bekanntheit und Definitionsmacht zu Wort, die mit ihrer „humanistisch" geprägten Thematisierung des Leids an der Einsamkeit eine unabweisbare Legitimation der Existenz dieses Phänomens hervorbringen.

Diese Pandemie – das spiegelt sich in einer Vielzahl der berichteten Äußerungen von höchsten Vertretern der Kirchen, der zuständigen internationale Organisationen wie der WHO und der OECD, der nationalen und regionalen Regierungen und der diversen Gesundheitsinstitutionen wider – hat die Einsamkeit als ständige Begleiterin. Das bestätigt auch die massenmediale Kommentierung des Geschehens, ob nun von Größen der Kulturindustrie persönlich oder, medienintern von eher unbekannten Schreibenden vorgenommen. Auch immer wieder zu vernehmende Betroffenenberichte von den zentralen Corona-Schauplätzen dokumentieren den engen Zusammenhang.

Es geht bei der pandemieerzeugten Thematisierung der Einsamkeit, genauer betrachtet, allerdings um ganz verschiedene Realitäten. An vorderster Stelle steht selbstverständlich das öffentliche Beklagen des Schicksals der einsam in Kliniken und Pflegeeinrichtungen Sterbenden oder langwierigen und riskanten Behandlungsprozessen ausgesetzten Schwerkranken. Durchweg ja von den engsten Bezugspersonen getrennt. Daran ändert auch die Tatsache nichts, dass es sich bei den Corona-Opfern in den westlichen Wohlfahrtsgesellschaften größtenteils um „vorgeschädigte" ältere Menschen handelt. Mitgefühl mit den infizierten

Lebensälteren und ihren besorgten Angehörigen und Forderungen nach größtmöglichem Schutz der besonders Verwundbaren sind die vorherrschende Haltung. Zynische oder nur relativierende Stellungnahmen ziehen dagegen sofort massive Empörung auf sich.

Auffällig ist freilich die deutlich innergesellschaftlich orientierte Thematisierung. Mit einem relativ lokalen, wenig kosmopolitischen Blick wird vorwiegend die Ausgrenzungssituation der älteren Bevölkerung im eigenen Land gewürdigt. In der ersten Pandemiephase auch noch die Lage der von Familie, Gemeinschaft und hiesigem Gesundheitssystem getrennten Staatsangehörigen an anderen Orten der Welt. Die im globalen Süden massenhaft verbreitete Einsamkeit und Isolation der aus ihrer Existenz im informationellen Sektor unabgesichert Vertriebenen, der verbindungslosen Wanderarbeiter und der in großer Zahl auf ihren Schiffen festsitzenden Seeleute, zumeist ja aus der Dritten Welt, findet weit weniger Beachtung, zumeist nur als eine der ständig fließenden Nachrichten über den Stand der Pandemie. Wenig Resonanz wird auch den besorgten Äußerungen, für gewöhnlich des Führungspersonals der UNO-Organisationen und diverser NGOs zuteil, die COVID-19, Armut und Einsamkeit verbinden und zusätzlich das mit der Konzentration auf Coronakontrolle paradoxerweise zu beobachtende Wiedererstarken anderer bedrohlicher Krankheiten (TBC, Malaria u. a.) in diesen Zusammenhang bringen.

Es gibt aber eine zweite, vor allem in den Monaten des Abnehmens von Infektion und Erkrankung durch COVID-19, zwischen erster und zweiter Welle, in den Vordergrund rückende Problematisierung der Einsamkeit. Diese setzt an den staatlichen Maßnahmen zur Pandemiebekämpfung an. Längst ist ja allen besorgt Beobachtenden der erhebliche Beitrag von Quarantäne und Isolierung, also Bewegungsverboten, Distanzwahrungsregeln, Schließung von Interaktionsorten, Einschränkung von Gruppengrößen und anderem mehr, zur Entstehung häufigeren Alleinseins und Empfindungen belastenden Unverbunden- und Abgeschnittenseins bis hin zu kompletter Vereinsamung ersichtlich. Von dieser Wahrnehmung betroffen sind zunächst die Älteren, Verängstigten, besonders Vorsichtigen und Vernünftigen, die an immer weniger Gesellschaft teilnehmen, öffentliche Orte meiden, Zugehörigkeiten und Mitgliedschaften bis auf weiteres ruhen lassen – und diese dann womöglich niemals mehr aufnehmen.

Die durch Entscheidung zum „Cocooning" selbst herbeigeführte Einsamkeit ist vielfach und vorwiegend eine der nicht mehr erwerbstätigen Bevölkerung. Das zumindest gelegentliche Erleben von unerwünscht viel Alleinsein, fehlendem Austausch, lahmgelegter Spontanität und Authentizität wird gegenwärtig aber auch zu einer weit verbreiteten Erfahrung unter den zur (Büro-)Arbeit zu Hause Gezwungenen, zeitweilig ja der Normalfall. Aber auch all derer, die ihre

Arbeitstätigkeit mit ihrer haltgebenden Struktur und einer gewissen Kontaktgarantie formell gesichert (Kurzarbeit)oder mit großen, unter Umständen auch einsam machenden Existenz- und Identitätsproblemen unterbrechen oder gar beenden müssen. Schließlich sind noch die vielen Millionen Mitglieder von Erziehungs- und Bildungseinrichtungen, denen eine längere Getrenntheit von den normalen Handlungsorten zugemutet und die Teilnahme an digital organisierten Lern- und Qualifikationsprozessen auferlegt wurde, sehr viel mehr als selbst gewollt mit Einsamkeitserfahrungen in Kontakt gekommen. In all diesen Fällen stehen und standen natürlich ganz unterschiedlich gut stützende soziale Umgebungen zur Verfügung und ist das Schwinden von Kommunikation, Gesellschaft, Nähe und Berührung individuell höchst unterschiedlich erlebt und bearbeitet worden.

Der Beitrag der wissenschaftlichen Forschung zum offenkundigen Aktualitätsgewinn des Einsamkeitsproblems ist derzeit wohl noch wenig bedeutsam. Zwar sind seit dem ersten Auftreten der Pandemie weltweit schon unglaublich viele Studien zu ihren potentiellen Vereinsamungseffekten durchgeführt worden; jedoch bleibt das erlangte Untersuchungswissen zumeist noch innerhalb der fachgemeinschaftlichen Diskussion und fließt es kaum in den fortschreitenden Problematisierungsprozess ein. Ich vermute auch deswegen, weil es so vollständig sachlich formuliert ist, kein stärkeres Interesse an Verständnis- und Mitgefühlvermehrung bekundet und daher für die humanitär bestimmte, immer wieder auch den gesellschaftlichen Zusammenhalt betonende öffentliche Problemperspektive nicht besonders brauchbar erscheint. Zumal ja auch, wie nicht anders zu erwarten, die laufenden Forschungen durch die Dynamik des Themas, die impliziten Vorannahmen über Einsamkeit und Isolation, die methodischen Entscheidungen und das hier und da doch spürbare moralische Engagement zu Erkenntnissen gelangen, die in wichtigen Punkten voneinander abweichen.

Ich gebe gleichwohl einen kurzen Überblick. Es wird 1. naheliegenderweise ein starker Nachweis dafür geführt, dass sich die schon vor der Pandemie vorhandene Kontaktarmut und Einsamkeit, vor allem die der älteren Menschen, durch die staatlich verhängten Kontakt- und Mobilitätseinschränkungen, aber auch durch den selbst entschiedenen sozialen Rückzug erheblich, bis hin zur Verdoppelung, verstärkt hat (vgl. Bu et al. 2020; Rosenkranz et al. 2020; Killgore et al. 2020; Ward et al. 2020). Das ist eigentlich auch die, aus dem, was man über negative Folgen von Quarantäneerfahrungen schon weiß, erwartbare psychische Reaktion (Röhr et al. 2020). Von Einsamkeit werden jetzt auch Personen betroffen, die zuvor ein relativ kontaktreiches Leben führen konnten, nun aber an dessen schützender Fortführung gehindert sind. Besonders dramatische Folgen hat natürlich die isolationsbedingte Verwundbarkeit in den Alten- und Pflegeeinrichtungen.

Aber auch grundsätzlich erleiden 2. ältere Einsame eine Schwächung von psychischer Gesundheit und Wohlbefinden. So lassen gehäuft auftretende Anlässe für Furcht und Angst (Infizierungsrisiko, Sorge um Familienangehörige und Freunde, Probleme der Alltagsbewältigung, Quarantänefolgen) einen Zirkel von Einsamkeit und Furcht entstehen (Hatt 2020). Gerade auch durch die ständigen Warnungen von außen wird eine einsamkeitsgeförderte Hypervigilanz erzeugt (Rosenkranz et al. 2020; Kemptner und Marcus 2020). Diese und andere psychische Belastungen können paradoxerweise auch die jetzt besonders wichtigen immunologischen Ressourcen schwächen.

3. Die Zunahmethese stützt sich darauf, dass die zuvor schon Einsamen auf die ansonsten verfügbaren Formen des Einsamkeitsmanagements nicht mehr in der nötigen Weise zurückgreifen können und auch eher von virtuellem Interaktionsersatz abgeschnitten sind (Hatt 2020). Es wirkt sich auch kontraproduktiv aus, dass die eigene Einsamkeit von den Betroffenen angesichts des so weit verbreiteten Leidens anderer an Kontaktminderung und Rückzugszwang verborgen oder auch trivialisiert wird.

Konträr zu diesen Erkenntnissen wird nun aber 4.auch herausgefunden, dass die schon vorhandene Einsamkeit zwar mäßig zunimmt, sich aber nicht mit einer Schwächung des Wohlbefindens im Allgemeinen verbindet. Vielmehr ließe sich eine beachtliche Resilienz gegenüber den möglichen Lockdown-Folgen feststellen (Entriger und Kröger 2020; Luchetti et al. 2020). Offenbar werden die potentiell negativen Effekte der Einsamkeit durch angewachsene soziale Unterstützung wettgemacht oder zumindest verringert. Gerade die physische Distanzierung bringt einsame Personen, Familie und Gemeinschaft in eine engere Verbindung. Darüber hinaus wird gerade auch die digitale Verbundenheit als etwas entdeckt, was in dieser kritischen Zeit stärkende und kompensatorische Effekte hat.

Gerade in deutschen Studien wird aber nun durch empirische Daten 5.belegt, dass die Einsamkeitsprävalenz keineswegs steigt, sondern innerhalb der gängigen Werte bleibt (Röhr et al. 2020). Oder aber, dass sich das Einsamkeitsniveau nur anfänglich, in den ersten zwei Wochen des Lockdowns erhöht, danach aber wieder abnimmt und zum normalen Stand zurückkehrt (Bücker et al.2020). Wobei in dieser letztzitierten Studie sogar die besonders verwundbaren über 60jährigen die niedrigsten Einsamkeitswerte aufweisen; am stärksten die mit dem Alleinsein sicher weniger vertrauten Befragten zwischen 18 und 30 von Einsamkeit betroffen sind.

6. Vermittelnd und für mich besonders überzeugend wirken da die Befunde einer fortlaufenden englischen Studie (ONS 2020), die zwischen gleichbleibender „normaler" Einsamkeit und einer speziellen, ganz andere Personengruppen

erfassenden Lockdown-Einsamkeit unterscheiden. Diese fasst Personen zusammen, die in den letzten sieben Tagen erstmals unter Einsamkeit gelitten haben. Mit dieser Lockdown-Einsamkeit ist also eine Gefühlslage beschrieben, deren Entwicklung davon abhängt, wie es mit der Pandemie weitergeht und als wie effektiv die staatlichen Interventionen wahrgenommen werden.

Eine Forschungsfrage der nahen Zukunft wird es sein müssen, ob und wie die durch die Pandemie für so viele Menschen neu aufgetretenen Einsamkeitsempfindungen nicht nur episodisch bleiben, sondern sich in die individuelle Einsamkeitsbiografie in Form stärkerer Berührbarkeit durch anders bedingtes Alleinsein und neue soziale Distanz umsetzen. Bisher scheint, dieser Eindruck drängt sich wirklich auf, die Forschung der optimistischen Annahme zum Opfer zu fallen, die Pandemie habe ihre zerstörerische Wirkung auf das zwischenmenschliche Verbundensein bereits wieder eingebüßt. Aber genau das, erfahren wir jetzt im Herbst 20, ist ganz und gar nicht der Fall.

Ansätze zu einer eigenständigen Politik der Einsamkeit

Die Entdeckung der Einsamkeit als einer potentiell schädlichen Emotion hat nahezu unverzüglich auch einen Prozess der Politisierung und Institutionalisierung in Gang gebracht. Die Veränderungsplädoyers einiger prominenter „Kundschafterinnen" in Fachöffentlichkeit und Massenmedien mögen dies schon angebahnt haben. Jedoch ist der Weg hin zum zentralen Gegenstand von Kampagnen, Ämtern und Kommissionen für die Einsamkeit nicht so ohne weiteres zu beschreiten gewesen, und noch beschränkt sich die Etablierung einer eigenständigen Einsamkeitspolitik auf einige englischsprachige Nationen. Die Begrenzungen und Hindernisse sind, so meine Einschätzung, darin begründet, dass von problematischen Gefühlen als subjektive Antwort auf belastende Lebensereignisse und -bedingungen zunächst einmal nicht angenommen wird, sie könnten durch politische Programme, Gesetzgebung und Verwaltungshandeln regulierbar sein. Und mit ihren negativen Folgen begibt sich die Einsamkeit ja in die Gesellschaft verschiedenster Risikofaktoren, die vor allem sozial- und gesundheitspolitisch schon ihren institutionellen Ort gefunden haben – und weiter besetzt halten.

Gelingen konnte die national begrenzte Politisierung der Einsamkeit, die bislang überwiegend eine der Alterseinsamkeit geblieben ist, nur deswegen, weil offenbar das öffentliche Erschrecken über die sich unablässig wiederholenden Risiko- und Verbreitungsnachweise besonders groß war. Weil sich zweitens einige im politischen System hinreichend hochrangige und gut vernetzte Personen in schon missionarischer Weise zum Kampf gegen Unverbundenheit und Einsamkeit verpflichtet fühlten; sich drittens unter dem Programm der Einsamkeitsbekämpfung viele bereits bestehende alterspolitische Ideen und Aktivitäten integrieren ließen, andererseits aber auch neue, für eine eigene Identität bedeutsame Konzepte der Einsamkeitsarbeit verfügbar waren. Auf der öffentlichen Ebene ist das vor

© Der/die Autor(en), exklusiv lizenziert durch Springer Fachmedien Wiesbaden GmbH, ein Teil von Springer Nature 2021
F. W. Stallberg, *Die Entdeckung der Einsamkeit*, essentials,
https://doi.org/10.1007/978-3-658-32781-1_8

allem die Verfolgung einer Entstigmatisierung des Einsamkeitsthemas, in praktischer Hinsicht besonders „Prescribing" als autorisierte Kontaktempfehlung für an Behandlungs- und Beratungsorten identifizierte Einsame, und „Befriending" als organisierte Form des regelmäßigen und verbindlichen Sichkümmerns um isolierte Lebensältere.

Mit Abstand am stärksten hat sich die Politik der Einsamkeit im zurückliegenden Jahrzehnt in England entwickelt. Hier hat sich schon mit den Anfängen der Anerkennung eines gesellschaftlichen Einsamkeitsproblems eine „Loneliness Community" aus Expertinnen, Praktikern und sonst wie Engagierten gebildet, die schon 2011 die Jahr für Jahr aktiver und bekannter werdende Kampagne „Let´s end loneliness" hervorbrachte. Am stärksten zum gegenwärtigen Stand der Einsamkeitspolitik hat indes das persönliche Engagement von Joe Cox beigetragen, einer parteipolitisch noch relativ unbekannten, aber durch die Arbeit für ökologische und feministische Organisationen „netzwerkerisch" erfahrenen Labourabgeordneten, die es mit ihrem Charisma und dem Glauben an die Überwindbarkeit von (Alters-)Einsamkeit schaffte, im Sommer 2016 eine parteiübergreifende Parlamentskommission für Einsamkeitsfragen zu etablieren. Schon wenig später verlor sie durch einen politisch motivierten Anschlag ihr Leben. Jedoch hat dies ihr Anliegen als „Moralunternehmerin" überhaupt nicht geschwächt, und der Ende 2017 vorgelegte Bericht der „Joe Cox Commission" (Jopling 2017), welcher die Einsamkeitsbekämpfung als gesellschaftliche Aufgabe festschreibt, stieß in der seinerzeit noch von Teresa May geführten britischen Regierung auf eine schon beachtlich große Offenheit. Sicher auch, weil sich die Berichtsempfehlungen auf eine breite, humanistisch, gesundheitspolitisch, seniorenpolitisch, aber auch ökonomisch angelegte Legitimation stützen konnten. Auch muss die in ihm vertretene Vision einer Gesellschaft der Verbundenheit, Mitmenschlichkeit und Freundlichkeit füreinander angesichts der durch die polarisierende Brexit-Debatte noch erkennbarer werdende Realität der sozialen Zerrissenheit ausgesprochen tröstlich erschienen sein.

Wenngleich es nun keineswegs, wie häufig in der internationalen Öffentlichkeit konstatiert wurde, mitunter mit Bewunderung, häufig aber auch als komisch bis kurios bewertet, zur Bildung eines eigenen Einsamkeitsministeriums kam, ist doch Einsamkeit seit 2018 eine in der britischen Regierung fest angesiedelte Querschnittsaufgabe, die verschiedene Ministerien unter der Koordination einer Art Staatssekretärin dazu anhält, das Programm einer „connected society" im Sinne einer Selbstverpflichtung in ihre Arbeit miteinzubeziehen. Das heißt, nicht nur so etwas wie „Einsamkeitsneutralität" ihrer Aktivitäten anzustreben, sondern auch für die Umsetzung der Strategie der Einsamkeitsbekämpfung Unterstützung bereit zu stellen.

Gemessen an dem noch so kurzen Wirkungszeitraum und einer bescheidenen finanziellen Ausstattung hat die nun offiziell verankerte englische Einsamkeitspolitik schon Beachtliches erreicht. Das betrifft speziell die äußerst rege Öffentlichkeitsarbeit: Es existiert ein höchst anspruchsvolles, theoretische Annahmen und organisatorische Überlegungen mit Praxisdarstellung und Fallberichten kombinierendes Regierungsprogramm für Einsamkeit (HM Government 2018), und es liegt jetzt ein erster Jahresbericht vor (HM Government 2020), dem sich zumindest ansehen lässt, wie sehr das nationale Gespräch über Einsamkeit als Problem schon selbstverständlich geworden ist. Wenngleich dieser Bericht auch, kritisch gelesen, eine große Kluft zwischen programmatischem Anspruch und Realität der Interventionspraxis dokumentiert. Parallel zu den offiziellen Stellungnahmen ist auch gerade eine umfassende einsamkeitspolitische Bestandsaufnahme der Campaign to End Loneliness (2020) erschienen, und schließlich wendet sich auch die erst in diesem Jahr gegründete Joe Cox Foundation mit ihren Ideen und Plänen an die Öffentlichkeit.

Der in England vollzogene Durchbruch der Einsamkeitsbekämpfung als politische Aufgabe hat immerhin rasch auch die Commonwealth Mitglieder Australien und Neuseeland erreicht. Auch dort haben sich in den letzten Jahren Organisationen zur Beendigung der Einsamkeit gegründet, die bereits diverse Tätigkeitsprogramme vorgelegt und Regierungsunterstützung gewonnen haben. Sie haben auch zu offiziellen Bestandaufnahmen der Einsamkeitsproblematik angeregt oder diese als Teil der Sozialberichterstattung etabliert (Australian Institute for Health and Welfare 2019). Unterschiedlich entwickelte einsamkeitspolitische Ansätze für Europa lassen sich mindestens in Irland, Holland, Schweden, Norwegen, Finnland und Dänemark nachweisen. Und es zeichnet sich gerade die Entwicklung einer einsamkeitspolitischen Initiative auf EG-Ebene ab.

In Deutschland wurde Interesse an der Entwicklung einer eigenständigen Einsamkeitspolitik erkennbar, als die amtierende Bundesregierung das Ziel der Maßnahmen zur Bekämpfung der Einsamkeit in allen Altersgruppen 2018 in den Koalitionsvertrag aufnahm. Wie sich dann aber erwies, war das nicht mehr als opportunistischer Ausdruck der Offenheit einzelner Akteure für das gerade in England sich anbahnende Neue.

Immerhin ist eine Haltung der deutschen Regierung zu Einsamkeitsfragen dadurch entstanden, dass zwei parlamentarische Anfragen, einmal aus der FDP-Fraktion zu Einsamkeit im Alter, dann von Vertretern der Linken zu Einsamkeit und ihren Gesundheitsfolgen zu beantworten waren (Antwort der Bundesregierung 2018, Antwort der Bundesregierung 2019). Sie gibt im Fall 1 zu erkennen, dass unter Verweis allein auf die deutsche Forschung Alterseinsamkeit als keineswegs dramatisch, sondern eher abnehmend eingestuft wird und man davon ausgeht, mit der Förderung neuerer seniorenpolitischer Projekte, speziell den Mehrgenerationenhäusern, das Erforderliche zu tun. Im zweiten Fall wird dem Einsamkeitsproblem dadurch die Legitimität als eigenständige Aufgabe entzogen, weil es ja alle bedeutsamen Lebensbereiche betreffe. Und von daher die Einengung auf negative Gesundheitseffekte eine unangemessene Verkürzung darstelle. Zur Aufklärung der Antragstellenden wird dann wiederum auf verschiedene Aktivitäten zur Tagungs- und Forschungsförderung und zur Unterstützung einiger neuer Initiativen zur Gesundheitsförderung verwiesen.

Einen an die internationale Entwicklung anschließenden Text hat dagegen das Berlin-Institut für Bevölkerung und Entwicklung über „(Gem)einsame Stadt? Kommunen gegen soziale Isolation im Alter (Berlin 2019) vorgelegt. Und schließlich enthält auch der Bochumer Forschungsbericht über die Einsamkeit der über 85jährigen eine Würdigung von speziellen Maßnahmen der Vorbeugung und Bekämpfung (Terwiel und Wolff 2019, S. 41 ff.).

In den in der Einsamkeitsfolgenforschung klar führenden USA ist die Politisierung, anders als in England, noch nicht über die Ebene der Organisationsbildung hinausgelangt. Offenkundig haben auch hier, sicher aus ganz anderen Gründen als in Deutschland, die besonderen Rahmenbedingungen und Interessenlagen gefehlt, um Einsamkeitsbekämpfung zur Regierungssache werden zu lassen. Immerhin hat 2018 ein Senatsausschuss der Republikaner über die so heftige Thematisierung der Einsamkeit als epidemisch beraten und in einer Stellungnahme die „Zunahmeposition" als unrealistisch zurückgewiesen (2018). Jenseits der administrativen und parlamentarischen Ebene hat aber Einsamkeit als politische Aufgabe inzwischen eine beachtliche Anhängerschaft. Es existiert eine, vielerlei Interessengruppen und einzelne Anwälte der Einsamkeitsfrage umfassende „Coalition to End Social Isolation & Loneliness" mit einer Schwesterorganisation „Foundation for Social Connection". Und es gibt leidenschaftlich vorgetragene Plädoyers wie die des ehemaligen Generalinspekteurs des Sanitätswesens Vivek Murthy (2020) und der Wissenschaftsjournalistin Noreena Hertz (2020), die sich für eine radikale gesellschaftliche Auseinandersetzung mit der Einsamkeitskrise einsetzen.

Grenzen der Intervention. Zur Unlösbarkeit des Einsamkeitsproblems

9

Mit der Bewertung der Einsamkeit als Ausdruck einer gesellschaftlichen Verbundenheitskrise im allgemeinen und als Produzentin hoher subjektiver und sozialer Kosten im Besonderen und der Institutionalisierung ihrer Bekämpfung als gesellschaftliche Aufgabe, hat das Einsamkeitsproblem schon eine eindrucksvolle Karriere durchlaufen. Wer hätte noch vor einem Jahrzehnt damit gerechnet, dass es einmal offiziell gewünscht sein würde, über Einsamkeit nicht verharmlosend und normalisierend zu denken und zu reden, sondern verständnisvoll und unterstützungsbereit. Für die Fortsetzung der Erfolgsgeschichte wird hilfreich sein, dass sich trotz der unverkennbaren Kluft zwischen Programmatik und Realität der Interventionen überhaupt nicht an den positiven Effekten von Einsamkeitsarbeit zweifeln lässt. Von Vorteil ist dabei bestimmt, dass sich die bislang berichteten Bekämpfungsaktivitäten durchweg auf die Einsamkeit älterer Menschen richten. Und hier kann gezeigt werden, wie mit den verschiedenen Interventionsformen – Marczak und andere (2019) unterscheiden zwischen One-to-One-Interventionen, gruppengestützten, Nachbarschaftshilfe und kommunalem Engagement und technologisch orientierten – aus dem durch „natürlichen" Schwund von Nahestehenden, Kompetenzverluste und Beweglichkeitseinschränkungen entstandenen Allein- und Zurückgezogensein ansatzweise herausgeholfen werden kann.

Bei aller Wertschätzung der raschen Wohlbefindensgewinne, welche die organisierte Kontaktnahme mit chronisch Einsamen haben kann, soll jetzt noch gebührend auf die Interventionsgrenzen hingewiesen werden. Das heißt vor allem auch auf die Unaufhebbarkeit des Einsamkeitsproblems. Als Neuzugang ergeht es ihm nicht anders als eigentlich allen einmal durchgesetzten sozialen Problemen. Wie wirksam und wissenschaftlich abgesichert es auch aus der einen

© Der/die Autor(en), exklusiv lizenziert durch Springer Fachmedien Wiesbaden GmbH, ein Teil von Springer Nature 2021
F. W. Stallberg, *Die Entdeckung der Einsamkeit*, essentials,
https://doi.org/10.1007/978-3-658-32781-1_9

Perspektive bald veränderbar erscheinen mag, so werden sich rasch auch alternative Sichtweisen und Einschätzungen entwickeln. Das bedeutet, es ist strittig, worin das jeweilige Problem denn nun seine wahren und tiefsten Grundlagen hat, woran mit welchem Aufwand gearbeitet werden soll und wie hoch die Veränderungsziele gesteckt werden. Letztlich wird jedenfalls in den westlichen Wohlfahrtsgesellschaften nicht die Aufhebung eines Problems angestrebt, sondern ein bestimmtes, im historischen Wandel sich veränderndes Maß von Kontrolle, geht es um die Angemessenheit und Notwendigkeit von Lösungsaktivitäten, nicht aber die Lösbarkeit selbst.

Speziell für die Unaufhebbarkeit der Einsamkeit spricht als erstes ihre starke Verankerung im gesellschaftlichen Zivilisationsprozess. Sie bezeichnet die Kehrseite „geheiligter" Errungenschaften der Moderne wie individuelle Wahlfreiheit, Autonomie, Selbstverwirklichung und persönliche Kontrolle. Einsamkeit ist unauflösbar mit den Mobilitäts-, Reichweiten-, Gesundheits- und Wohlstandsgewinnen des 20. Jahrhunderts verbunden und hat nur darum im 21. als Problem erfahren werden können. Ich möchte die Unlösbarkeitsgründe in meinen Schlussaussagen noch etwas genauer beschreiben. Sie können auf der individuellen Ebene, an demografischen Entwicklungen, an der durch den technologischen Wandel erzeugten Beziehungsrevolution, und an den schon traditionellen Schattenseiten der sozialen Verhältnisse, also an fortschreitender Ungleichheit, Exklusion und Desintegration gezeigt werden. Es kommen dabei recht unterschiedliche Einsamkeiten in den Blick: Die als individuelles Schicksal erfahrene Lebenslauf-, Übergangs- und Verlusteinsamkeit einerseits, die kollektiv geteilte Exklusions-, Armuts-, Flucht- und Wanderungseinsamkeit andererseits.

Anthropologisch wird Einsamkeit, wie ich schon beim Versuch ihrer Bestimmung dargestellt habe, dadurch gestützt, dass sie einmal zur verfestigten Haltung einzelner Personen zum Leben und zu den Mitmenschen geworden, nur von den Betroffenen selbst noch aufgegeben werden kann. Dass hingegen von außen unterbreitete, gar amtliche Kontaktangebote leicht als aufdringlich und Peinliches enthüllend wahrgenommen und als völlig minderwertiger Ersatz für eigentlich Gewünschtes, aber nie Erlangtes oder Verlorenes abgelehnt werden.

Eine zweite, demografische Stabilisierung und, wie zu befürchten ist, Verstärkung erfährt problematische Einsamkeit durch das unaufhaltsame Altern der Gesellschaft. Darum ist auch nur naheliegend, dass hier der Schwerpunkt der neuen Einsamkeitsarbeit liegt. Wenn immer mehr Gesellschaftsangehörige sich im höheren Lebensalter befinden und Bedingungen wie dem zunehmenden Verbreitungsgrad des Alleinlebens, der Ausdünnung der Verwandtschafts- und Freundschaftsnetze, wachsender Altersarmut, der Routinisierung und emotionalen Verflachung alt gewordener Paarbeziehungen und, vor allem in der letzten

Lebensphase, sich kumulierenden Risiken von Erkrankung und Beweglichkeits-
und Fähigkeitsverlusten bis hin zu Pflegebedürftigkeit und Hospitalisierung ausgesetzt sind, wird Einsamkeit als emotionale Kluft zwischen dem immer noch an
Verbundenheit Ersehntem und dem alltäglich Erhaltenem wahrscheinlicher. Und
in etlichen Fällen zur schmerzhaften Normalität werden.

Ob die derzeitige Entstehung einer neuen Alternskultur mit der hohen Wertschätzung von fortgeführter Aktivität, Lernbereitschaft und Kontaktfreudigkeit
und der Aufrechterhaltung von Kommunikations- und Teilhabeansprüchen eine
Art Einsamkeitsschutz zu bilden vermag, erscheint mir sehr fraglich. Eher über-
wiegen wohl die Risiken, nach dem eigenen Verständnis nicht so erfolgreich und
kreativ zu altern, wie das gesellschaftlich erwartet und gefördert wird.

Mit guten Gründen lässt sich auch die Digitalisierung als Koproduzent problematischen Alleinseins und Kontaktverlustes im 21. Jahrhundert bewerten. Dabei
scheint ja auf den ersten Blick genau das Gegenteil zu passieren: eine Verviel-
fachung potentieller Verbindungen und eine unaufhörliche Steigerung von, wenn
auch virtuellem, Austausch. Die uns bedeutsamen und lieben Menschen sind ja
nur einen Klick weit entfernt, und zusätzlich ließe sich mit unendlich vielen schon
Bekannten oder noch Unbekannten durch Aktivität in sozialen Medien, Anschluss
an diverse Netzwerke und Gruppen ein Teilen von Erfahrungen, Interessen, Mei-
nungen und Anschauungen unbegrenzt häufig und selbstbestimmt erfahren. Und
dies, falls gewünscht, mit ganz anderer Identität. Man könnte also glauben, dass
die digitale Beziehungsrevolution Einsamkeitsprävention erübrigt oder dass sie,
etwas weniger optimistisch, vielfältige Anwendungschancen für sie eröffnet. Und
eben nur den noch verbliebenen digital Unkundigen und Unaufgeschlossenen die
nötigen Kompetenzen zu vermitteln sind.

Was aber meines Erachtens weit mehr zählt, sind andere, negative Digitalisie-
rungsfolgen: Die Verflüchtigung der Qualität realer Kontakte, die Vernichtung von
Begegnungsmöglichkeiten in Institutionen, an öffentlichen Orten und selbst in der
Privatsphäre, die Verkürzung von Kommunikationszeit und die Verminderung von
Spontanität und Emotionalität. Für die von Einsamkeit Bedrohten und Betroffenen ist zweierlei besonders abträglich. Zum einen verringern Smartphone und PC
zumindest potentiell die realen Kontakte in Familie und Freundeskreis, die nun
der besonderen Legitimation bedürfen und ergeben sich immer weniger situativ
entstehende und auch Persönliches einschließende Gesprächschancen als Kolle-
gin, Kunde, Klient, Ratsuchende, Freizeitorte Aufsuchende. Mindestens genauso
ein Verlust ist zum anderen, dass im digitalen Austausch, ohnehin ja im Regelfall
durch kürzeres, oberflächlicheres und zielstrebigeres Beitragen gekennzeichnet,
nicht mehr gewartet werden kann und der komplexe Verlauf von Sprechen,

Zuhören, Beobachten, Fühlen, Reflektieren nicht mehr den erforderlichen Raum erhält.

Es ist, denke ich, unübersehbar, dass Online-Verbundenheit und Verbundenheit im „wirklichen Leben" völlig Verschiedenes sind. Womöglich könnten sie sich in einem Verhältnis der Gleichberechtigung gut ergänzen und ihre jeweiligen Stärken zur Geltung bringen. Angesichts des von den politischen und ökonomischen Eliten ständig ausgedrückten Glaubens an die Notwendigkeit der verstärkten Digitalisierung aller Lebensbereiche ist aber wohl eher von dem Entstehen wachsender Kontaktarmut auszugehen. Deren individuelles Empfinden als Einsamkeit lässt sich erfreulicherweise durch die konstruktive Nutzung etwa des Internet durchaus mildern oder sogar vorsorglich regulieren (so u. a. Nowland, R. et al. 2018).

Ich will die kurze Würdigung der Bedingungen und Prozesse, die eine Bewältigung des Problems Einsamkeit ganz unvorstellbar machen, beenden, indem ich auf vor genau einem halben Jahrhundert formulierte Einsichten von Hans-Peter Dreitzel (1970) zurückkomme. Habe ich doch seinem Essay erst das Interesse zu verdanken, Einsamkeit soziologisch zu betrachten. Dreitzel entdeckt ja bereits die Bedeutung der sozialen und kollektiven Einsamkeit, die sich als Begleiterin von Unterprivilegierung, Diskriminierung und Stigmatisierung entwickelt. Es geht also um die emotional verarbeitete Ausgrenzung ganz unterschiedlicher Personengruppen: Auf der innergesellschaftlichen Ebene Bildungsbenachteiligte, an der Tyrannei der Leistung Gescheiterte und sonst wie sozial Abgestiegene, behinderte Menschen, traumatisierte Gewaltopfer, in unterschiedlichen Formen sozial sanktionierte Abweichler und Außenseiter. Aus globaler Sicht die „Überflüsssigen", wie Zygmunt Baumann es schonungslos ausdrückt (2005), wie Flüchtlinge, unerwünschte Zuwanderer, Illegale, Ausbeutungsopfer aller Art, aber auch zu Niedriglöhnen für die Konsumbedürfnisse des wohlhabenden Nordens in der Textilindustrie oder auch im Sextourismus arbeitende Frauen.

Ich selbst fasse das hier als Exklusionseinsamkeit zusammen. Es ist das, was sich gesellschafts- und globalisierungskritisch gegen die Möglichkeit eines von schädigender Einsamkeit freien menschlichen Zusammenlebens einwenden lässt. Eine Gesellschaft der Verbundenheit muss auch eine der fortschreitenden Integration und Inklusion, eines gerechten und relativ gleichen Zugangs zu Bildung, Wohlstand und Gesundheit sein.

Was Sie aus diesem *essential* mitnehmen können

- Das subjektiv unerwünschte Gefühl der Einsamkeit ist in den letzten Jahren als ein problematischer gesellschaftlicher Zustand entdeckt worden
- Der Aufstieg der Einsamkeit zum anerkannten Problem vollzieht sich vorwiegend über die Thematisierung ihrer gesundheitsschädigenden Folgen
- Auch die kontrovers bewertete Häufigkeit und Ungleichverteilung der Einsamkeit trägt ihren Teil zur Krisendiagnose bei
- Nach der Bewertung der Einsamkeit als potentiell schädlich wird nun ihre Bekämpfung zunehmend zur politischen Aufgabe
- Das 2020 für die gesamte Weltgesellschaft bedrohliche überfallartige Auftreten der Corona- Pandemie und die Maßnahmen zu ihrer Kontrolle haben Kontaktmangel und Vereinsamung noch stärker als zuvor ins öffentliche Bewusstsein gehoben
- Der Überwindung des einmal etablierten Einsamkeitsproblems durch staatlich geförderte Intervention sind enge Grenzen gesetzt. Schmerzhafte Einsamkeit ist als Begleiterin der Freiheits- und Wohlstandsgewinne des spätmodernen Kapitalismus, als Teil des kollektiven Erlebens weit verbreiteter sozialer Ausgrenzung und neuerdings auch als Digitalisierungsfolge zutiefst unaufhebbar.

Literatur

Alberti, F. B. 2019. A biography of loneliness. The history of an emotion. Oxford: Oxford University Press.

Albrecht, G. und A. Groenemeyer. Hrsg. 2012. Handbuch Soziale Probleme. 2 Bde., Wiesbaden: Springer.

Anderson, G. O. und C. Thayer 2018. Loneliness and social connections: a national survey of adults 45 and older. Washington, DC: AARP Research. doi: https://doi.org/10.26419/res.00246.001.

Auster, P. 1993. Die Erfindung der Einsamkeit. Reinbek 1993: Rowohlt.

Australian Institute of Health and Welfare. 2019. Social isolation and loneliness. https//www.achv.gov.au/reports/australias-welfare/social-isolation-and-loneliness. Zugegriffen: 22.10. 2020.

Barreto,M., C. Victor, C. Hammond, A. Eccles und M. T. Richins . 2020. Loneliness around the world: age, gender, and cultural differences in loneliness. Personality and Individual Differences. doi: https://doi.org/10.1016/j-paid-2020.110066.

Baumann, Z. 2005. Verworfenes Leben. Die Ausgegrenzten der Moderne. Hamburg: Hamburger Edition.

Bärfuss, L. 2014. Koala. Göttingen: Wallstein.

Beller. J. und A. Wagner. 2018. Loneliness, social isolation, their synergistic interaction, and mortality. Health Psychology 37 (9), 808–813.

Berg-Weger, M. und J. E. Morley. 2020. Loneliness in old age: an unadressed health problem. Journal of Nutrition Health Aging 24 (3), 243–245.

Berlin-Institut für Bevölkerung und Entwicklung 2019. (Gem)einsame Stadt? Kommunen gegen soziale Isolation im Alter. Hamburg: Körber-Stiftung.

Beutel, M., u. a. 2017. Loneliness in the general population: prevalence, determinants and relations to mental health. BMC Psychiatry. doi: https://doi.org/10.1186/s12888-017-1262-x.

Böger, A. und O. Huxhold, 2014. Ursachen, Mechanismen und Konsequenzen von Einsamkeit im Alter: Eine Literaturübersicht. Informationsdienst Altersfragen 41 (1), 9–16.

Böger, A., M. Wetzel und O. Huxhold. 2017. Allein unter vielen oder zusammen ausgeschlossen? Einsamkeit und wahrgenommene soziale Exklusion in der zweiten Lebenshälfte. In:

© Der/die Herausgeber bzw. der/die Autor(en), exklusiv lizenziert durch Springer Fachmedien Wiesbaden GmbH, ein Teil von Springer Nature 2021
F. W. Stallberg, *Die Entdeckung der Einsamkeit*, essentials,
https://doi.org/10.1007/978-3-658-32781-1

Altern im Wandel. Zwei Jahrzehnte Deutscher Alterssurvey (DEAS), hrsg. von K. Mahne, J. Wolff, J. Simonson und C. Tesch-Römer, 273–285, Wiesbaden: Springer VS.

Böger, A. und O. Huxhold. 2018. Do the antecedents and consequences of loneliness change from middle adulthood into old age? Developmental Psychology 54 (1), 181–197.

Bohn, C. 2008. Die soziale Dimension der Einsamkeit. Unter besonderer Berücksichtigung der Scham. Hamburg: Dr. Kovac.

Bu, F., A. Steptoe und D. Fancourt. 2020. Loneliness during lockdown: trajectories and predictors during COVID-19 pandemic in 35.712 adults in the UK. doi: https://doi.org/10.1101/2020.05.29.20116657.

Bücker, S., K. T. Horstmann, J. Krasko, S. Kritzler, S. Terwiel, T. Kaiser und M. Luhmann. 2020. Changes in daily loneliness during the first four weeks oft the Covid-19 lockdown in Germany. Preprint. doi: https://doi.org/10.31234/ostaio/ytkx9.

Caccioppo, J. T. und W. Patrick. 2011. Einsamkeit. Woher sie kommt, was sie bewirkt und wie man ihr entrinnt. Heidelberg: Spektrum Akademischer Verlag.

Cacioppo, J. T. und S. Cacioppo 2018. The growing problem of loneliness. The Lancet 3.2. 2018. doi: https://doi.org/10.1016/s01140-6736 (18) 30142–9.

Cacioppo, S., A. J. Grippo, S. London, L. Goossens und J. T. Cacioppo. 2015. Loneliness: clinical import and interventions. Perspectives of Psychological Science 10 (2), 238–249.

Campaign to End Loneliness. 2020. Promising approaches revisited: effective action on loneliness in later life. http//www.campaigntoendloneliness.org/promising-approaches-revisited. Zugegriffen: 27. 10. 2020.

Case, A. und A. Deaton. 2020. Death of despair and the future of capitalism. Princeton: Princeton University Press.

Chang, Q., C. H. Chan und P. S. F. Yip. 2017. A metaanalytic review on social relationships and suicidal ideation among older adults. Social Science and Medicine 191. 65–76.

Cigna 2018. Cigna U.S Loneliness Index. Survey of 20000 Americans examining behavior driving loneliness in the United States. http//www.cigna.com/static/www-cigna.com/docs/about-us/newsroom/stu. Zugegriffen: 24. 10. 2020

Cudjoe, T. K. M., D. L. Roth, S. L. Szanton, J. L. Wolff, C. M. Boyd und R. J. Thorpe, Jr. 2020. The epidemiology of social isolation: national health and aging trends study. The Journals of Gerontology 75: Series B, 107–113. doi: https://doi.org/10.1093/geronb/gby037.

Des Harnais Bruce, L., J. S. Wu, S. L. Lustig, W. W. Russell und D. A. Nemecek. 2019. Loneliness in the United States: A 2018 national panel survey of demographic, structural, cognitive and behavioral characteristics. American Journal of Health Promotion 33, 1123–1133.

Deutscher Bundestag 2018. Antwort der Bundesregierung auf die Kleine Anfrage der Abgeordneten K. Werner, Dr. P. Sitte, D. Achelwilm, weiterer Abgeordneter und der Fraktion Die Linke: Einsamkeit im Alter – Auswirkungen und Entwicklungen. Drucksache 19/4766, 12 S.

Deutscher Bundestag 2019. Antwort der Bundesregierung auf die Kleine Anfrage der Abgeordneten Dr. A. Ullmann, M. Theiner, R. Alt, weiterer Abgeordneter und der Fraktion der FDP: Einsamkeit und die Auswirkung auf die öffentliche Gesundheit. Drucksache 19/10456, 9 S.

Eyerund, T. und A. K. Orth. 2019. Einsamkeit in Deutschland. Aktuelle Entwicklung und soziodemographische Zusammenhänge. Köln: Institut der deutschen Wirtschaft.

Fosse, J. 2019. Der andere Name. Heptalogie I-II. Hamburg: Rowohlt.

Fox, B. Hrsg. 2019. Emotions and loneliness in an networked society. Cham 2019: Palgrave Macmillan.

Dahl, N. 2016. Kodokushi – Lokale Netzwerke gegen Japans einsame Tode. Bielefeld: transcript.

Dreitzel, H. P. 1970. Die Einsamkeit als soziologisches Problem. Zürich: Die Arche.

Elias, N. 1982. Über die Einsamkeit der Sterbenden in unseren Tagen. Frankfurt/M.: Suhrkamp.

Entringer, T. und H. Kröger. 2020. Einsam, aber resilient – Die Menschen haben den Lockdown besser verkraftet als vermutet. DIW aktuell 46. https://www.diw.de/diw_01c.791408.de/publikationen/diw_aktuell/2020. Zugegriffen: 3. 10. 2020

Griffith, H. 2017. Social isolation and loneliness in the UK. With a focus on the use of technology to tackle these conditions. https://iotuk.org.uk/wp-content/uploads/2017/04/Social-Isolation-and-Loneliness-Landscape-Uk.pdf. Zugegriffen: 15. 9. 2020.

Gustafsson, L. 1978. Der Tod eines Bienenzüchters. München-Wien: Carl Hanser.

Hammond, C. 2020. Who feels lonely? The results of the world's largest loneliness study. https://www.bbc.co.uk/programmes/articles/zyzhfv4DvqVp5nZy.

Hart, M. 2020. COVID-19: a lonely pandemic. Cities & Health. doi: https://doi.org/10.1080/23748834.2020.1788770.

Hertz, N. 2020. The Lonely Century. Coming together in a world that's pulling apart. London: Hodder & Stoughton.

Heu, L. C., M. van Zomevem und N. Hansen. 2018. Lonely alone or lonely together? A cultural-psychological examination of individualism – collectivism and loneliness in five european countries. Personality and Social Psychology Bulletin 45, 780–793.

HM Government. 2018. A connected society: a strategy for tackling loneliness – laying the foundations for change. https://assets.publishing.service.gov.uk/government/uploads/attachment_data/file/750909/6.4882. Zugegriffen: 25. 10.2020.

HM Government. 2020. Loneliness Annual Report. The First Year. https://www.gov.uk/government/publications/loneliness-annual-report-the-first-year. Zugegriffen: 25. 10. 2020.

Holtbernd, T. 2018. Einsamkeit und Singularisierung. Ein kulturanalytischer Versuch. Internationale Zeitschrift für Philosophie und Psychosomatik. https://www.izpp.de/fileadmin/user.upload/Ausgabe22018/005Holtbernd22022018/005Holtbernd220. Zugegriffen: 1. 11. 2020

Holt-Lunstad, J., T. B. Smith und J. B. Layton. 2010. Social relationships and mortality risk: a meta-analytic review. Plos Medicine 7 (7). doi: https://doi.org/10.1371/journal.pmed.1000316.

Holt-Lunstad, J., T. B. Smith, M. Baker, T. Harris und D. Stephenson. 2015. Loneliness and social isolation as risk factors for mortality: a meta-analytic review. Perspectives on Psychological Science 10. 227–237.

Holt-Lunstad, J., T. Robles und D. A. Sbarra. 2017. Advancing social connection as a public health priority in the United States. American Psychologist 72 (6), 517–530.

Holt-Lunstad, J. 2017a. The potential public health relevance of social isolation and loneliness: prevalence, epidemiology, and risk factors. Public Policy & Aging Report 27 (4). 127–130.

Holt-Lunstad, J. 2018. Why social relationships are important für physical health: a systems approach to understanding and modifying risk and protection. Annual Review of Psychology. doi: https://doi.org/10.1146/annurev-psych-12216-011902.

Horx, M. und O. Horx-Strathern. 2020. Das Monster der Moderne: Einsamkeit. https://www.
zukunftsinstitut.de/artikel/zukunftsreport/das-monster. Zugegriffen: 20. 7. 2020.

Huxhold, O. und H. Engstler. 2019. Soziale Isolation und Einsamkeit bei Frauen und Männern
im Verlauf der zweiten Lebenshälfte. In: Frauen und Männer in der zweiten Lebenshälfte:
Älterwerden im sozialen Wandel, hrsg. von C. Vogel, M. Wettstein und C. Tesch-Römer,
71–89. Wiesbaden: Springer VS.

Huxhold, O., H. Engstler und E. Hoffmann. 2019. Entwicklung der Einsamkeit bei Menschen
im Alter von 45 bis 84 Jahren im Zeitraum von 2008 bis 2017. DZA-Fact Sheet. 1–8.

Jacob, L., J. M. Haro und A. Koyanagi. 2019. Relationship between living alone and common
mental disorders in the 1993, 2000 and 2007 national psychiatric morbidity surveys. Plos
One. doi: https://doi.org/10.1371/journal.pone.0215182.

Joint Economic Commitee. United States Congress. 2018. All the lonely Americans? https://
www.Jec.senate/gov./public/index/cfm/republicans/2018/8/all. Zugegriffen: 5. 10. 2020.

Jopling, K. 2017. Combatting loneliness, one conversation at a time – a call to action from
the Joe Cox Commission on loneliness. https://www.ageuk.org.uk/globalassets/age-uk/
documents/reports-and-publications/reports-and-briefings. Zugegriffen: 27. 10. 2020.

Kemptner, D. und J. Marcus 2020. Alleinlebenden älteren Menschen droht in Corona-Zeiten
Vereinsamung. DIW aktuell 45. https://www.diw.de/diw_01.c.790700.de/publikationen/
diw_aktuell/2020. Zugegriffen: 2. 9. 2020.

Killgore, W. D. S., S. A. Cloonan und N. S. Davies 2020. Loneliness: a signature mental
health concern in the era of COVID-19. doi: https://doi.org/10.1016/j.psychres.2020.113
1117.

Klinenberg, E. 2012. Going solo. The extra ordinary rise and surprising appeal of living alone.
New York: Penguin.

Luchetti, M., Lee, J. H., D. Aschwanden, A. Sesker, J. E. Strickhouse, A. Terraciano und A. R.
Sutin. 2020. The trajectory of loneliness in response to COVID-19. American Psychologist
75 (7), 897–908.

Luhmann, M. und L. C. Hawkley. 2016. Age differences in loneliness from later adolescence
to oldest old age. Developmental Psychology 52 (6), 943–959.

Luhmann, M. 2019. Einsamkeit – (Nicht nur) ein Problem des hohen Alters. In: Das
Einsamkeits-Buch. Wie Gesundheitsberufe einsame Menschen verstehen, unterstützen
und integrieren können, hrsg. von T. Hax-Schoppenhorst, 68–75, Bern: Hogrefe.

Luhmann, M. und S. Bücker. Hrsg. 2019. Einsamkeit und soziale Isolation im hohen Alter.
Projektbericht. doi: https://doi.org/10.13154/294-6373.

Marczak, J., R. Wittenberg, L. F. Doetter, G. Casanova, S. Golinowska, M. Guillen und H.
Rothgang. 2019. Preventing social isolation and loneliness among older people. Eurohealth
25 (4), 3–5.

Marmot, M. 2004. The status syndrome: how social standing affects our health and longevity.
London: Bloomsbury.

McClelland, H., J. J. Evans, R. Nowland, E. Ferguson und R. C. O'Connor. 2020. Loneliness
as a predictor of suicidal ideation and behaviour: a systematic review and meta-analysis
of prospective studies. Journal of Affective Disorders 274, 880–896.

McLennan, A. K. und S. J. Ulijaszek. 2018. Beware the medicalization of loneliness. The
Lancet 14. 4. 2018. doi: https://doi.org/10.1016/S0140-6736(18)30577-4.

McPherson, M., L. Smith-Lovin und M. E. Brashears 2006. Social isolation in America:
change in core discussion networks over two decades. Social Forces 71 (3). 353–375.

Mihalopoulos, C., L. Khanh-Dao Le, M. L. Chatterton, J. Bucholc, J. Holt-Lunstad, M. H. Lim und L. Engel. 2019. The economic costs of loneliness: a review of cost-of-illness and economic evaluation studies. Social Psychiatry and Psychiatric Epidemiology. doi: https://doi.org/10.1007/s00127-019-01733-7.

Moore, K. A. und E. March 2020. Socially connected during COVID-19: online social connections mediate the relationship between loneliness and positive coping strategies. Research Square. doi: https://doi.org/10.21203/rs-35835/v1.

Murthy, V. 2020. Together: the healing power of human connection in a sometimes lonely world. New York: HarperCollins.

National Academies of Sciences, Engineering, and Medicine 2020. Social isolation and loneliness in older adults: opportunities for the health care system. Washington, DC: The National Academies Press.

Nowland, R., E. A. Necka und J. T. Cacioppo 2018. Loneliness and internet use: pathways to reconnection in a digital world? Perspectives on Psychological Science 13 (1) 70–87.

Oberhauser, L., A. B. Neubauer und E. M. Kessler. 2017. Conflict avoidance in old age. The role of anticipated loneliness. Journal of Gerontopsychology and Geriatric Psychiatry. doi: https://doi.org/10.1024/1662-9647/a000168.

Office for National Statistics 2020. Coronavirus and loneliness, Great Britain: 3. april to 3 may 2020. https://www.ons.gov.uk/peoplepopulation-andcommunity/wellbeing. Zugegriffen: 8. 9. 2020.

Ortiz-Ospina, E. und M. Roser. 2020. Loneliness and social connections. https://ourworldindata.org/social-connections-and-loneliness. Zugegriffen: 1. 11. 2020.

Putnam, R. 2000. Bowling alone. The collapse and revival of American community. New York: Simon & Schuster.

Qiu, L. und X. Lin. 2019. Media representation of loneliness in China. In: Emotions and loneliness in a networked society, hrsg. von B. Fox, 135–153. Cham: Palgrave Macmillan.

Riesman, D. 1958. Die einsame Masse. Eine Untersuchung der Wandlungen des amerikanischen Charakters. Reinbek: Rowohlt.

Rico-Uribe, L. A., F. F. Caballero, N. Martin-Mario, M. Caballo, J. L. Ayuso-Mateos und M. Miret. 2018. Association of loneliness with all-cause mortality: a meta-analysis. Plos One. doi: https://doi.org/10.1371/journal.pone.0190033.

Röhr, S., U. Reininghaus und S. G. Riedel-Heller. 2020. Mental and social health in the German old age population largely unaltered during COVID-19 lockdown: results of a representative survey. doi: https://doi.org/10.31234/osf.io.7n2bm.

Röhr, S., F. Müller, F. Jung, C. Apfelbacher, A. Seidler und S. G. Riedel-Heller. 2020. Psychosoziale Folgen von Quarantänemaßnahmen bei schwerwiegenden Coronavirus-Ausbrüchen: ein Rapid Review. Psychiatrische Praxis 47 (4), 179–189. Doi: https://doi.org/10.1055/a-1159-5562.

Rokach, A. 2004. The lonely and homeless: causes and consequences. Social Indicators Research 69. 37–50.

Rokach, A. 2019. The psychological journey to and from loneliness. Development, causes and effects of social and emotional isolation. San Diego: Elsevier.

Rosenkranz, L., M. H. Bernstein und C. C. Hemond 2020. A paradox of social distancing for SARS-CoV2:loneliness and heightened immunological risk. Molecular Psychiatry. doi: https://doi.org/10.1038/s41380-020-00861-w.

Schützeichel, R. und A. Schnabel. 2012. Emotion, Sozialstruktur und Moderne. Wiesbaden: VS.

Schweizerische Eidgenossenschaft. Bundesamt für Statistik. 2019. Einsamkeitsgefühl. https://www.bfs.admin.ch/bfs/de/home/statistiken/bevoelkerung/migration. Zugegriffen: 20. 7. 2020.

Selimi, T. J. 2016. # Loneliness: the virus of the modern age. Carlsbad, CA: Balboa Press.

Simmank, J. 2020. Einsamkeit. Warum wir aus einem Gefühl keine Krankheit machen sollten. Zürich: Atrium.

Slater, P. 1970. The pursuit of loneliness. American culture at the breaking point. Boston: Beacon.

Spitzer, M. 2018. Einsamkeit. Die unerkannte Krankheit. München: Droemer Knaur.

Steptoe, A., A. Shankar, P. Demakakos und J. Wardle. 2013. Social isolation, loneliness, and all-cause mortality in older men and women. Proceedings of the National Academy of Sciences. doi: https://doi.org/10.1073/pnas.1219686110.

Svendsen, L. 2016. Philosophie der Einsamkeit. Wiesbaden: Berlin University Press.

Tesch-Römer, C., M. Wiest, S. Wurm und O. Huxhold. 2013. Einsamkeitstrends in der zweiten Lebenshälfte: Befunde aus dem Deutschen Alterssurvey. Zeitschrift für Gerontologie und Geriatrie 46 (3), 237–241.

Terwiel, S und K. Wolff. 2019. Vorbeugung und Bekämpfung von Einsamkeit und sozialer Isolation im hohen Alter. In: Einsamkeit und soziale Isolation im hohen Alter. Ein Projektbericht, hrsg. von M. Luhmann und S. Bücker, 41–50. doi: https://doi.org/10.13154/294-6373.

Tilburg, van T., S. Steinmetz, E. Stolte, H. van der Roest und D. H. de Vries. 2020. Loneliness and mental health during the COVID-19 pandemic: a study among dutch older adults. Journals of Gerontology: Social Sciences XX, 1–7. doi: https://doi.org/10.1093/geronb/gbaa111.

Ward, M., C. McGarrigle, A. Hever, P. O'Mahoney, S. Moynihan, G. Loughran und R. A. Kenny 2020. Loneliness and social isolation among the over 70s: data from the Irish longitudinal study on ageing (TILDA) and Alone, TILDA Reports. doi: https://doi.org/10.38018/TildaRc. 2020–07.

Yang, K. und C. Victor. 2011. Age and loneliness in 25 european nations. Ageing & Society 31, 1368–1388.

Yang, K., 2019. Loneliness: A social problem. London: Routledge.

Printed in the United States
By Bookmasters